学ぶ人は、変えてゆく人だ。

目の前にある問題はもちろん、

人生の問いや、

社会の課題を自ら見つけ、

挑み続けるために、人は学ぶ。

「学び」で、

少しずつ世界は変えてゆける。

いつでも、どこでも、誰でも、

学ぶことができる世の中へ。

旺文社

JN036250

大学入試 全レベル問題集

化 学

[化学基礎・化学]

代々木ゼミナール講師 西村淳矢 著

1 | 基礎レベル

改訂版

はじめに

　『大学入試 全レベル問題集 化学』シリーズは，レベル１〜４の４段階で構成されており，高校１・２年生レベルの基本から，共通テスト対策，標準国公立・私立大の入試対策，難関大の入試対策まで，すべてのレベルの問題が揃っている問題集です。

　その中の『レベル１ 基礎レベル』は，次のような学生を想定して執筆しました。

●**大学入試で化学が必要で，その対策を本格的に始めようとしている受験生**

●**大学入試で化学が必要だが，化学に苦手意識をもつ受験生**

●**受験勉強するにあたり，化学の基本事項をもう一度確認しておきたい受験生**

●**高校で「化学基礎・化学」を学習中で，入試対策を始めたい高校１・２年生**

　レベル１では，「化学基礎・化学」の全単元について，**実際の入試問題の中の基礎的な良問**を，学習しやすい配列で掲載しています。この問題を一つずつこなしていくことで，**「化学基礎・化学」全分野の基本事項を確認**することができ，かつ，演習量を確保することで，無理なく**大学入試対策を行う**ことができるように執筆しています。

　別冊解答には，問題の解説を詳しく書いているのはもちろんのことですが，さらに Point として各単元の基本事項を簡潔にまとめていますので，Point を読むことで**基本事項の確認も並行して行う**ことができるように工夫しています。

　とにかく，この問題集を１冊こなすことで，化学全分野の基礎が確立します。「千里の道も一歩から」です。１問１問確実にこなしながら，大学入試の対策を行っていきましょう！

西村 淳矢

目 次

著者紹介：**西村淳矢**(にしむら じゅんや)

代々木ゼミナール講師。愛媛県松山市出身。早稲田大学大学院理工学研究科修了。全国の代々木ゼミナール校舎を飛びまわっている。難関大を目指す受験生のための基幹講座「ハイレベル化学」などのサテライン ゼミを担当。著書に，「共通テスト 化学基礎 集中講義」(旺文社)などがある。また，「全国大学入試問題正解 化学」の解答執筆者や，教科書の執筆者も務める。

　ホームページ：http://nishimurajunya.web.fc2.com/

装丁デザイン：ライトパブリシティ　　　　本文デザイン：イイタカデザイン

本シリーズの特長

1. 自分にあったレベルを短期間で総仕上げ

　　本シリーズは，理系の学部を目指す受験生に対応した短期集中型の問題集です。4レベルあり，自分にあったレベル・目標とする大学のレベルを選んで，無駄なく学習できるようになっています。また，基礎固めから入試直前の最終仕上げまで，その時々に応じたレベルを選んで学習できるのも特長です。

レベル①…「化学基礎」と「化学」で学習する基本事項を中心に総復習するのに最適で，基礎固め・大学受験準備用としてオススメです。

レベル②…共通テスト「化学」受験対策用にオススメで，分野によっては「化学基礎」の範囲からも出題されそうな融合問題も収録。全問マークセンス方式に対応した選択解答となっています。また，入試の基礎的な力を付けるのにも適しています。

レベル③…入試の標準的な問題に対応できる力を養います。問題を解くポイント，考え方の筋道など，一歩踏み込んだ理解を得るのにオススメです。

レベル④…考え方に磨きをかけ，さらに上位を目指すならこの一冊がオススメです。目標大学の過去問と合わせて，入試直前の最終仕上げにも最適です。

2. 入試過去問を中心に良問を精選

　　本シリーズに収録されている問題は，効率よく学習できるように，過去の入試問題を中心にレベルごとに学習効果の高い問題を精選してあります。さらに，適宜入試問題に改題を加えることで，より一層学習効果を高めています。

3. 解くことに集中できる別冊解答

　　本シリーズは問題を解くことに集中できるように，解答・解説は使いやすい別冊にまとめました。より実戦的な問題集として，考える習慣を身に付けることができます。

 # 本書の使い方

　問題は学習しやすいように分野ごとに，教科書の項目順に問題を配列しました。最初から順番に解いていっても，苦手分野の問題から先に解いていってもいいので，自分にあった進め方で，どんどん入試問題にチャレンジしてみましょう。

　次のマークは，学習する上での参考にしてください。なお,有効数字について特に指定がない場合は,有効数字2桁で答えてください。

　基…主に「化学基礎」で扱う内容を示しています。

　★…やや難易度の高い問題を示しています。

　問題を解いたら，別冊解答に進んでください。解答は章ごとの問題番号に対応しているので，すぐに見つけることができます。構成は次のとおりです。解けなかった場合はもちろん，答が合っていた場合でも，解説は必ず読んでください。

　答 …一目でわかるように，最初の問題番号の次に明示しました。

　解説…わかりやすいシンプルな解説を心がけました。

　Point…問題を解く際に特に重要な知識，考え方のポイントをまとめました。

　注意…間違えやすい点，着眼点などをまとめました。

志望校レベルと「全レベル問題集 化学」シリーズのレベル対応表

＊ 掲載の大学名は購入していただく際の目安です。また，大学名は刊行時のものです。

本書のレベル	各レベルの該当大学
[化学基礎・化学] ① 基礎レベル	高校基礎〜大学受験準備
[化学] ② 共通テストレベル	共通テストレベル
[化学基礎・化学] ③ 私大標準・国公立大レベル	[私立大学] 東京理科大学・明治大学・青山学院大学・立教大学・法政大学・中央大学・日本大学・東海大学・名城大学・同志社大学・立命館大学・龍谷大学・関西大学・近畿大学・福岡大学　他 [国公立大学] 弘前大学・山形大学・茨城大学・新潟大学・金沢大学・信州大学・広島大学・愛媛大学・鹿児島大学　他
[化学基礎・化学] ④ 私大上位・国公立大上位レベル	[私立大学] 早稲田大学・慶應義塾大学／医科大学医学部 他 [国公立大学] 東京大学・京都大学・東京工業大学・北海道大学・東北大学・名古屋大学・大阪大学・九州大学・筑波大学・千葉大学・横浜国立大学・神戸大学・東京都立大学・大阪公立大学／医科大学医学部　他

学習アドバイス

　理系の受験生にとって，「化学」は**英語，数学と同じくらい重要**な科目になります。しかし，「化学」の勉強が後回しになっている受験生が多く見られるのも事実です。その原因は，化学は選択科目という位置づけで扱われるため重要度が低く感じられ，また，高校でも進度が遅く，入試の直前に教科書全範囲が終了する，ということが考えられます。

　ただ，受験生のみなさんに知っておいてもらいたいのは，「化学」は**正しく勉強すれば必ず成績が上がる科目**で，**受験本番において差がつく科目**なのです。では，"正しく勉強する"とはどういうことなのか，を説明していきましょう。

◎ 化学用語・物質の性質をきちんと暗記すること

　化学では，小難しい用語や複雑な化学反応式が山ほど出てきます。化学がキライな人はこれだけでアレルギーを起こすかもしれません。ただし，**化学は「覚える」ことなしには成績は絶対に上がりません**。物質の名前や，物質の性質，化学反応式，化学用語など，一つずつ暗記していきましょう。最初は大変かもしれません。でも，考えようによっては，「ただ覚えているだけで点数が取れる」のです。本書では，別冊解答の **Point** に各単元の基本事項を整理しておきました。まずは，この部分の赤字から暗記してみましょう。

◎ 計算問題は解法を理解し，単位を考えながら行うこと

　化学で出題される計算問題は決まった**パターン**があります。そのパターンを完璧にマスターするだけで，計算問題は簡単に解けるようになります。パターンについても，本書の別冊解答にある **Point** にまとめてあります。まずは **Point** の計算式を理解し，問題をこなすことで定着させてください。

　また，化学の計算では**単位がとても重要**です。例えば，物質量〔mol〕にモル質量〔g/mol〕を掛け算すると〔mol〕×〔g/mol〕＝〔g〕となり質量〔g〕が求められることがわかります。**単位は計算のヒント**になるのです。必ず単位を意識しながら，計算問題をこなしてください。

◉ 反応・現象をきちんと理解すること

　化学は「理（ことわり）科」なので，**なぜその反応・現象が起こるのか，を考える**のがとても大切です。例えば，化学用語一つとっても，その用語を丸暗記しているのと，その用語の内容まで説明できるのでは，大きな違いがあります。用語を丸暗記している人は穴埋め問題しか対応できませんが，用語の内容まで理解している人は**記述問題，正誤問題にまで対応すること**ができるのです。必ず**用語の内容まで説明できる**ようにしておきましょう！

　また，化学反応式は丸暗記をせず，**反応が起こる仕組みを考えて作れる**ようにしておきましょう。問題が出題されたとき，反応式を丸暗記している人は，それを忘れたら答えることができませんが，反応式を作ることができる人は，もし忘れてしまってももう一度作り直せばいいだけなので，答えることができるのです。

　この点については，日ごろから意識していない人は慣れるまでに時間がかかるとは思いますが，少しずつ実践していきましょう！

　以上が化学を"正しく勉強する"ということなのです。正しく勉強すると成績が伸びるだけでなく，応用問題まで対応できる力がつきます。入試本番に向け，やれることを一つずつ確実にこなし，「第一志望校合格」という栄光をその手に摑んでください！

1 原子の構造・周期律・結合　解答 ▶ 別冊2頁

1 原子の構造

次の文章中の　1　～　10　に最もよく当てはまる語句または式を答えよ。

原子の中心には　1　があり，その周りを負の電荷をもつ　2　が運動している。　1　は正の電荷をもつ　3　と電荷をもたない　4　から構成されている。陽子の数と中性子の数の和のことを　5　という。ある原子を $_b^a E$ と表記するとき，a と b を用いて，電子の数は　6　，陽子の数は　7　，中性子の数は　8　と表すことができる。

同じ元素でも中性子の数の異なる原子がある。この原子のことを　9　という。また，同じ元素の単体でも性質の異なる複数の物質が存在することがある。このような単体を互いに　10　という。　　　　　　　　　　　　　　　　　　　　　　〈工学院大〉

2 電子配置

次の文章中の　a　～　j　に最も適する語句，式，または数字を入れて，文を完成せよ。

原子核の周りで電子が運動することのできる空間はいくつかの層に分かれており，これを電子殻という。電子殻は，原子核に近い側から順に　a　殻，　b　殻，　c　殻，　d　殻…とよばれる。内側から n 番目の電子殻に入ることのできる電子の最大数は　e　個である。最大数の電子が収容された電子殻を　f　という。原子の一番外側の電子殻にある電子は　g　とよばれる。He 以外の原子で　g　の数が1～7個の場合，これらの電子を　h　とよぶ。周期表の18族に属する元素は　i　とよばれ，それらの原子の電子配置は非常に安定である。　i　原子では　g　が原子間の結合などに関与しないので，　h　の数は　j　個とする。

3 元素の周期表

次の文章中の　ア　～　ケ　に適する語句，元素記号または数字を答えよ。

周期表の1，2族および　ア　～18族の元素を　イ　元素といい，それ以外の元素を　ウ　元素という。また，H を除いた1族元素を　エ　金属，2族元素を　オ　金属，17族元素を　カ　元素という。

さらに，　ウ　元素群はすべてが，　キ　イオンになりやすい　ク　元素である。　ク　原子のつくる結晶は　ケ　電子がすべての原子に共有されることにより結合している。　　　　　　　　　　　　　　　　　　　　　　　　　　　　　〈愛知学院大〉

4 元素の周期律

次の文章中の ア ～ ウ に適切な語句を， a ～ c には元素記号を記せ。

原子の最も外側にある電子殻の電子は ア 電子といい， ア 電子から1個の電子を取り去るのに必要なエネルギーを イ という。 イ は，第2周期では a が最も小さく， b が最も大きい。また，原子が ア に1個の電子を受け取って1価の陰イオンになるときに放出されるエネルギーを ウ という。 ウ は，第2周期では c が最も大きい。 〈愛知学院大〉

5 イオンの生成とイオン結晶

次の文章中の 1 ～ 7 に当てはまる最も適当な語句または数字を答えよ。

アルカリ金属であるナトリウムは価電子を1個もっており，その価電子を放出すると安定な貴ガスの電子配置になる。例えば，ナトリウムの場合は価電子を放出して 1 と同じ電子配置になりやすい。また，アルカリ土類金属のカルシウムは価電子 2 個を放出して， 3 と同じ電子配置になりやすい。このように価電子の数が少ない原子は価電子を失って陽イオンになりやすい。一方，ハロゲンである塩素は電子1個を受け取って，貴ガスの電子配置になりやすい。例えば，塩素原子の場合は電子を受け取ると 4 と同じ電子配置になる。このようにハロゲンは最外殻電子が 5 個になるように電子を受け入れて陰イオンになりやすい。陽イオンと陰イオンが結合してできた結晶をイオン結晶という。イオン結晶は一般に固体の状態では電気を 6 が，イオン結晶を融解または溶解させると電気を 7 。

★ 6 共有結合と極性

次の文章を読み，問1～4に答えよ。

共有結合は2原子間で互いの価電子を共有してできる結合である。共有結合のうち，一方の原子の ア 電子対をほかの原子と共有してできる結合を特に イ 結合という。また，異なる原子が共有結合している場合， ウ 電子対は一方の原子に，より強く引きつけられる傾向を示す。この原子の ウ 電子対を引きつける強さを数値で表したものが エ である。

問1 ア ～ エ に適語を記せ。

問2 次の(1)～(3)の分子の電子式を示せ。

(1) 二酸化炭素 (2) 窒素 (3) シアン化水素 HCN

問3 次の元素を エ の小さい順に左から並べよ。 F, H, O, N

問4 極性分子を次の①～④からすべて選び，番号で答えよ。

① アンモニア ② 二酸化炭素 ③ メタン ④ 塩化水素

〈愛知学院大〉

第2章 物質の変化 基

1 物質量・反応量・濃度

解答 ❯ 別冊6頁

原子量：H = 1.0，C = 12，N = 14，O = 16，Na = 23
アボガドロ定数：6.0×10^{23}/mol

1 分子量

酸素の分子量はいくらか（整数値）。 〈関東学院大〉

2 式量

Na_2CO_3 の式量はいくらか。また，$Na_2CO_3 \cdot 10H_2O$ の式量はいくらか（整数値）。

〈関東学院大〉

3 同位体と原子量

ホウ素には質量数 10 と 11 の 2 種類の同位体があり，その相対質量と存在比は右のとおりである。ホウ素の原子量はいくらか（小数第 1 位）。

〈実践女子大〉

同位体	相対質量	存在比〔%〕
^{10}B	10	20
^{11}B	11	80

4 物質量①

0℃，1.013×10^5 Pa における酸素 5.6 L の物質量〔mol〕と分子数を有効数字 2 桁で求めよ。

〈神戸女学院大〉

5 物質量②

ステアリン酸 $C_{17}H_{35}COOH$ 56.8 g について，問 1 ～ 4 に答えよ。

問1　このステアリン酸の物質量は何 mol か。
問2　このステアリン酸中の炭素原子の物質量は何 mol か。
問3　このステアリン酸中の酸素原子の個数は何個か。
問4　このステアリン酸中の水素原子の質量は何 g か。 〈大妻女子大〉

6 物質量③

0℃，1.013×10^5 Pa で 4.48 L を占めるアンモニア NH_3 の質量は何 g か。 〈金城学院大〉

7 物質量と分子量

0℃，1.013×10^5 Pa を占める気体 112 mL の質量は 0.22 g であった。この気体は何か。次の①～④から選び，記号で答えよ。

①　一酸化窒素　　②　一酸化炭素　　③　二酸化窒素　　④　二酸化炭素

〈国士舘大〉

8 化学反応式

アンモニアと酸素が反応して一酸化窒素と水が生成する反応の反応式は，次のように表すことができる。この化学反応式の係数 a，b，c，d の値を求めよ（整数値）。

$$a\mathrm{NH_3} + b\mathrm{O_2} \longrightarrow c\mathrm{NO} + d\mathrm{H_2O}$$

〈明海大〉

9 化学反応の反応量

窒素と水素からアンモニアが 6.8 g 生成した。反応した窒素は，0℃，1.013×10^5 Pa で何 L か。

10 混合気体の燃焼

2.0 mol のエタン（$\mathrm{C_2H_6}$）と 1.5 mol のプロパン（$\mathrm{C_3H_8}$）の混合気体を，十分な酸素を加えて完全燃焼させた。このとき生成する水の物質量はいくらか。 〈東北学院大〉

11 モル濃度

酢酸 $\mathrm{CH_3COOH}$ 1.2 g を体積 500 mL の水溶液にした。この酢酸水溶液のモル濃度は何 mol/L か。

12 モル濃度と質量

0.40 mol/L の水酸化ナトリウム水溶液 20 mL 中に含まれる水酸化ナトリウムの質量〔g〕を答えよ。 〈神戸女学院大〉

13 溶液の濃度①

次の文章を読み，問1〜3に答えよ。

質量パーセント濃度 5.00％のグルコース（$\mathrm{C_6H_{12}O_6}$）溶液の密度は 1.08 g/cm³ であった（有効数字3桁）。

問1 溶液 500 mL の質量を求めよ。

問2 溶液 500 mL 中の溶質の質量を求めよ。

問3 溶液のモル濃度を求めよ。 〈愛知学院大〉

★ 14 溶液の濃度②

エタノール（$\mathrm{C_2H_6O}$）を水に溶かして，質量パーセント濃度が 40％である水溶液を調製した。この溶液の密度が 0.95 g/cm³ であるとき，そのモル濃度は何 mol/L か。

〈中部大〉

水のイオン積(25℃)：$K_w = [H^+][OH^-] = 1.0 \times 10^{-14} (mol/L)^2$

15 酸・塩基の定義

次の文章中の □1□ ～ □6□ に入る語句として最も適当なものを記せ。

□1□ によれば，酸とは水に溶けて □2□ を生じる物質であり，塩基とは水に溶けて □3□ を生じる物質である。一方，□4□ は，□1□ の酸・塩基の定義を拡張し，□5□ とは水素イオンを与える分子・イオンであり，□6□ とは，水素イオンを受け取る分子・イオンであると定義した。この定義によれば，塩化水素が水に溶解するときの水分子は □6□，アンモニアが水に溶解するときの水分子は □5□ となる。このように，□4□ の定義では，ある物質が酸か塩基かは反応の相手に依存する。

〈東北学院大〉

16 酸・塩基の種類

弱酸・強塩基の組み合わせとして最も適当なものを，次の①～⑤から1つ選び，番号で答えよ。

① 硝酸・水酸化ナトリウム　　② 硫酸・アンモニア
③ リン酸・水酸化カルシウム　　④ 硫化水素・水酸化銅(Ⅱ)
⑤ 酢酸・水酸化鉄(Ⅱ)

17 ブレンステッド・ローリーの定義

次の@～@の各反応において，下線をつけた物質がブレンステッド・ローリーの定義における酸として作用しているものはどれとどれか。記号で答えよ。

@ $\underline{K_2CO_3} + HCl \longrightarrow KCl + KHCO_3$

@ $\underline{HSO_3^-} + H_2O \rightleftharpoons SO_3^{2-} + H_3O^+$

@ $\underline{HCO_3^-} + H_2O \rightleftharpoons H_2CO_3 + OH^-$

@ $\underline{HCl} + NH_3 \longrightarrow NH_4Cl$

@ $\underline{CH_3COO^-} + H_2O \rightleftharpoons CH_3COOH + OH^-$

〈北海道医療大〉

18 中和反応

次の(1)～(3)の酸と塩基がそれぞれ中和するときの化学反応式を示し，生成する塩の名称を記せ。

(1) 塩酸と水酸化カルシウム　　(2) 硫酸と水酸化ナトリウム
(3) 硝酸と水酸化バリウム

19 塩の分類

次の⑦〜⑰の塩の種類（酸性塩，塩基性塩，正塩）を分類し，記号で答えよ。

⑦ 炭酸水素ナトリウム　　⑦ 硫酸水素ナトリウム　　⑦ 塩化アンモニウム

⑤ 塩化カルシウム　　⑦ 塩化水酸化マグネシウム　　⑰ 酢酸ナトリウム

〈愛知学院大〉

20 塩の液性

次の⑧〜ⓒの水溶液のうち，塩基性を示すものはどれか。すべて選び，記号で答えよ。

⑧ 塩化ナトリウム　　ⓑ 炭酸ナトリウム　　ⓒ 炭酸水素ナトリウム

〈千葉工業大〉

21 水溶液の液性

次の物質(a)〜(c)を純水に溶かして水溶液としたときに，酸性・塩基性・中性を示すものに分類した。正しく分類されている組み合わせを，右の①〜④から1つ選べ。

(a) Na_2SO_4　　(b) $(NH_4)_2SO_4$　　(c) NH_3

	酸性	中性	塩基性
①	(a)	(b)	(c)
②	(a)	(c)	(b)
③	(b)	(c)	(a)
④	(b)	(a)	(c)

22 pH の計算

次の(1)〜(4)の25℃における溶液の pH を整数値で求めよ。

(1) 0.010 mol/L 塩酸（電離度 1.0）

(2) 0.010 mol/L 水酸化ナトリウム水溶液（電離度 1.0）

(3) (2)の溶液を水で 10 倍に薄めた水溶液

(4) 0.050 mol/L アンモニア水溶液（電離度 0.020）

〈藤女子大〉

★ 23 pH と電離度

0.050 mol/L の酢酸水溶液の pH を測定したところ，pH＝3.0 であった。この酢酸水溶液中の酢酸の電離度を求めよ。

3 中和滴定

原子量：H = 1.0，C = 12，O = 16，Ca = 40

24 中和滴定計算

問1 濃度不明の酢酸水溶液 10 mL と 0.10 mol/L 水酸化ナトリウム水溶液 12 mL が過不足なく中和した。酢酸水溶液のモル濃度は何 mol/L か。 〈名古屋学院大〉

問2 濃度が未知の希硫酸 5.0 mL を 0.10 mol/L の水酸化ナトリウム水溶液で中和滴定したところ，50 mL を要した。この希硫酸のモル濃度は何 mol/L か。

問3 2.96 g の水酸化カルシウムを中和するために 0.50 mol/L の塩酸を用いた。ちょうど中和をするために，何 mL の塩酸が必要か。 〈東北福祉大〉

★ 25 中和滴定と分子量

2 価の酸 0.225 g を含む水溶液を完全に中和するのに，0.200 mol/L の水酸化ナトリウム水溶液 25.0 mL を要した。この酸の分子量はいくらか。 〈北海道医療大〉

26 滴定曲線と指示薬

中和滴定について，次の文章を読み，**問1**，**2** に答えよ。

濃度がすべて 0.10 mol/L の塩酸，水酸化ナトリウム水溶液，酢酸，アンモニア水を調製した。このうちの酸と塩基 1 つずつを用いて中和滴定曲線を記録した。

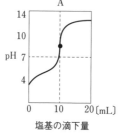
A
塩基の滴下量

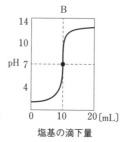
B
塩基の滴下量

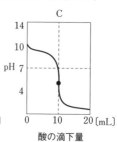
C
酸の滴下量

問1 図 A～C は，どの酸と塩基の組み合わせか。最も適当なものを次の①～⑤から 1 つ選び，番号で答えよ。

① B は塩酸と水酸化ナトリウム水溶液との滴定

② A は塩酸とアンモニア水との滴定

③ A は酢酸とアンモニア水との滴定

④ B は酢酸と水酸化ナトリウム水溶液との滴定

⑤ C は塩酸と水酸化ナトリウム水溶液との滴定

問2 図 A の場合，pH 指示薬として適切なものはどれか。最も適当なものを，次の(a)～(c)から選び，記号で答えよ。

(a) フェノールフタレイン (b) ブロモチモールブルー (c) メチルオレンジ

〈名古屋学院大〉

27 実験器具

器具(a)メスフラスコ, (b)ビュレットの使用方法の組み合わせとして最も適当なものを, 次の①〜⑥から1つ選び, 番号で答えよ。

	(a)	(b)
①	純水で洗い, ぬれたまま使用してよい	純水で洗い, ぬれたまま使用
②	純水で洗い, ぬれたまま使用してよい	純水で洗い, 熱風で乾かして使用
③	純水で洗い, ぬれたまま使用してよい	使用する水溶液で数回洗い, ぬれたまま使用
④	使用する水溶液で数回洗い, ぬれたまま使用	純水で洗い, ぬれたまま使用
⑤	使用する水溶液で数回洗い, ぬれたまま使用	純水で洗い, 熱風で乾かして使用
⑥	使用する水溶液で数回洗い, ぬれたまま使用	使用する水溶液で数回洗い, ぬれたまま使用

★ 28 中和滴定実験

次の文章を読み, 問1〜3に答えよ。

中和滴定の実験を行った。 a を用いて食酢 10 mL をはかりとり, 100 mL の b に移して, 純粋な水で正確に 10 倍に薄めた。この水溶液 10 mL を再び a ではかりとり, 三角フラスコに入れた。これに指示薬 A を数滴加え, c を用いて 0.10 mol/L 水酸化ナトリウム水溶液を滴下したところ, 中和点になるまでに 7.8 mL を要した。

問1 a 〜 c に最も適切な実験器具の名称をそれぞれ記せ。

問2 A の指示薬として最も適切なものを次の@〜©から選び, 記号で答えよ。

@ メチルレッド   ⓑ メチルオレンジ   © フェノールフタレイン

問3 実験に用いた元の食酢中の酢酸の濃度は何 mol/L か。また, 食酢 10 mL 中には何 g の酢酸が含まれているか。ただし, 食酢中の酸はすべて酢酸とする。

〈藤女子大〉

29 酸化・還元の定義

次の文章中の □1□ ～ □8□ に当てはまる語句を答えよ。

(1) 酸化・還元反応は，物質が酸素を受け取る反応を □1□，酸素を失う反応を □2□ と定義することができる。

(2) 酸化・還元反応は，物質が水素と結びつく反応を □3□，水素を失う反応を □4□ と定義することもできる。

(3) 酸化・還元反応は，□5□ の授受によって定義することもできる。この場合，物質が □5□ を □6□ とき，その物質は酸化されたといい，物質が □5□ を □7□ とき，その物質は還元されたという。

(4) □8□ 数は，酸化・還元反応における □5□ の授受を明確にするために導入された数値であり，物質中のそれぞれの原子に対する酸化の程度を表すものである。

30 酸化数

次の表に示す(a)～(j)の各物質において，下線をつけた原子の酸化数をそれぞれ求めよ。

物質	下線をつけた原子の酸化数	物質	下線をつけた原子の酸化数
(a) $\underline{O}_2$	ア	(f) $\underline{S}O_2$	カ
(b) $\underline{O}_3$	イ	(g) $Na\underline{H}$	キ
(c) $Mn\underline{O}_2$	ウ	(h) $\underline{Cr}_2O_7{}^{2-}$	ク
(d) $H_2\underline{O}$	エ	(i) $H_2\underline{S}$	ケ
(e) $K\underline{Mn}O_4$	オ	(j) $\underline{C}O_2$	コ

〈金沢工業大〉

31 酸化剤

次の反応 a～c で，SO_2 が酸化剤としてはたらいているものはどれか。記号で答えよ。

a $SO_2 + 2H_2S \longrightarrow 2H_2O + 3S$

b $SO_2 + NaOH \longrightarrow NaHSO_3$

c $SO_2 + PbO_2 \longrightarrow PbSO_4$

〈武庫川女子大〉

32 酸化還元の化学反応式

次の化学反応式中の a ～ f に，該当する係数または化学式を答えよ。

二酸化硫黄 SO_2 は通常，還元剤としてはたらき，過マンガン酸イオン MnO_4^- をマンガン(II)イオン Mn^{2+} に変化させる。この反応は次の(1)式および(2)式で表される。

$$MnO_4^- + 8H^+ + \boxed{a}\,e^- \longrightarrow Mn^{2+} + 4H_2O \quad \cdots(1)$$

$$SO_2 + 2H_2O \longrightarrow \boxed{b} + 4H^+ + 2e^- \quad \cdots(2)$$

しかし，二酸化硫黄 SO_2 が硫化水素 H_2S と反応するときは(3)式のように酸化剤としてはたらき，このとき単体の硫黄 S が生成する。

$$SO_2 + 4H^+ + 4e^- \longrightarrow S + 2H_2O \quad \cdots(3)$$

$$H_2S \longrightarrow S + 2H^+ + 2e^- \quad \cdots(4)$$

(3)式と(4)式から e^- を消去すると(5)式が得られる。

$$\boxed{c}\,SO_2 + \boxed{d}\,H_2S \longrightarrow \boxed{e}\,H_2O + \boxed{f}\,S \quad \cdots(5)$$

33 酸化還元滴定①

硫酸酸性水溶液における過マンガン酸カリウム $KMnO_4$ とシュウ酸 $(COOH)_2$ の反応は次の式で表される。

$$2KMnO_4 + 5(COOH)_2 + 3H_2SO_4 \longrightarrow 2MnSO_4 + 10CO_2 + K_2SO_4 + 8H_2O$$

濃度不明のシュウ酸水溶液 10.0 mL に希硫酸を加えて酸性水溶液とした。この水溶液を 0.100 mol/L の過マンガン酸カリウム水溶液で滴定したところ，20.0 mL 加えたときにちょうど赤紫色が消えなくなった。濃度不明のシュウ酸水溶液の濃度は何 mol/L か。

〈金城学院大〉

★ 34 酸化還元滴定②

次の文章を読み，問1～3に答えよ。

濃度が不明の過酸化水素水を10倍に希釈し，その溶液 10.0 mL をとって硫酸を加え，0.0500 mol/L の過マンガン酸カリウム水溶液で滴定したところ，過酸化水素を過不足なく反応させるのに過マンガン酸カリウム水溶液 6.00 mL を要した。

問1　この反応は，次のイオン反応式で表される。 ア ～ エ に該当する数値を答えよ。

$$5H_2O_2 + 2MnO_4^- + \boxed{ア}\,H^+ \longrightarrow \boxed{イ}\,O_2 + \boxed{ウ}\,Mn^{2+} + \boxed{エ}\,H_2O$$

問2　この操作の前後における溶液の色の変化として最も適するものを③～①から選び，記号で答えよ。

ⓐ　褐色から淡緑色　　ⓑ　褐色から無色　　ⓒ　無色から淡緑色

ⓓ　無色から赤橙色　　ⓔ　淡緑色から赤紫色　　ⓕ　無色から褐色

ⓖ　無色から赤紫色　　ⓗ　淡緑色から赤橙色　　ⓘ　淡緑色から褐色

問3　希釈前の過酸化水素水の濃度は何 mol/L か。

〈摂南大〉

第3章 物質の状態

1 結晶

解答 ➡ 別冊 21 頁

原子量：Na = 23, Cl = 35.5

アボガドロ定数：6.0×10^{23}/mol

1 結晶の種類

化学結合に関する次の文章を読み，問1～3に答えよ。

①ダイヤモンドの結晶は，炭素原子の ア 個の価電子が，次々にほかの イ 個の炭素原子と ウ 結合して，正 エ 体の形が繰り返された立体構造をしている。

②ドライアイスは，二酸化炭素の固体である。二酸化炭素の分子間に オ とよばれる引力がはたらいており，結晶が構成されている。

③塩化カリウムの結晶中では，カリウムイオンと カ が静電気的な引力（クーロン力）で結びついている。このような結合を キ 結合という。

固体の④銀では，各原子の価電子は結晶中のすべての原子に共有され，結晶中を動き回ることができる。このような電子を ク といい， ク による原子どうしの結合を ケ 結合という。銀が特有の光沢をもつのは ク のはたらきによる。

問1 ア ～ ケ に最も適切な語句または数値を記せ。

問2 下線を付した①ダイヤモンド，②ドライアイス，③塩化カリウム，④銀について，該当するものを，次の(A)～(D)からそれぞれ1つずつ選び，記号で答えよ。

(A) 固体状態で，熱や電気をよく通す。

(B) 固体状態では電気を通さないが，融解して液体にすると電気を通す。

(C) 結晶の構成粒子が原子であり，硬くて融点が高く，電気を通しにくい。

(D) 結晶の構成粒子が分子であり，軟らかくて砕けやすく，電気を通しにくい。

問3 問2の(A)～(D)に該当する物質は，ほかにどのようなものがあるか。最も適切な物質を次の(ア)～(エ)から1つずつ選び，記号で答えよ。

(ア) ナフタレン　　(イ) アルミニウム　　(ウ) 塩化マグネシウム

(エ) 二酸化ケイ素

2 金属の単位格子①

右の図はアルミニウム Al の結晶格子を示したものである。これについて，問1～3に答えよ。

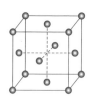

問1 この格子の名称を記せ。

問2 この結晶の単位格子に含まれる原子の数は何個か。

問3 この結晶格子における配位数はいくらか。

18

3 面心立方格子

次の問1，2に答えよ。ただし，$\sqrt{2}=1.41$ とする。

問1 アルミニウムの結晶は，単位格子の1辺の長さが 0.405 nm の面心立方格子からなっている。単位格子中に，アルミニウム原子は何個あるか。

問2 アルミニウムの原子半径〔nm〕を求めよ（有効数字3桁）。 〈工学院大〉

★ 4 金属の単位格子②

次の文章を読み，問1〜5に答えよ。ただし，
$\sqrt{3}=1.73$，$4.3^3=79.5$ とする。

ナトリウムの結晶は，右の図のような ☐1☐ 格子の
結晶構造をとり，配位数は ☐a☐ である。その単位格
子の1辺の長さは，4.3×10^{-8} cm である。

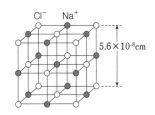

4.3×10^{-8}cm

問1 文章中の ☐1☐ に当てはまる語句を記せ。

問2 文章中の ☐a☐ に当てはまる数値を求めよ。

問3 ナトリウムの結晶の単位格子内に含まれる原子の数は何個か。

問4 ナトリウム原子の半径は何 cm か。

問5 ナトリウムの結晶の密度は何 g/cm^3 か。 〈千葉工業大〉

★ 5 イオン結晶

NaCl の結晶格子は右の図のように表される。次の問
1〜4に答えよ。

Cl$^-$ Na$^+$

5.6×10^{-8}cm

問1 この結晶中では1個の Na$^+$ に最も近い位置にある Cl$^-$ は何個か。

問2 この単位格子中には Na$^+$ が何個含まれているか。

問3 単位格子の1辺の長さを 5.6×10^{-8} cm とすると，この格子の密度は何 g/cm^3 になるか。ただし，$(5.6)^3=176$ として用いよ。

問4 この結晶格子で，Cl$^-$ のイオン半径を 1.8×10^{-8} cm とすると，Na$^+$ のイオン半径は何 cm になるか。ただし，結晶中で各イオンは球形をなし，隣り合う陽イオンと陰イオンが互いに接触しているものとする。 〈千葉工業大〉

2 | 気体の法則

解答 ◉ 別冊 25 頁

原子量：H＝1.0，C＝12，N＝14，O＝16
気体定数：$R＝8.3×10^3$ Pa・L／(mol・K)

6 | ボイルの法則

77℃，$1.0×10^5$ Pa で，7.0 L の気体がある。この初期状態から，温度を変えずに圧力を $5.0×10^5$ Pa にすると，体積は何 L になるか。　　　　　　　　　　〈中京大〉

7 | シャルルの法則

問1　27℃，$1.00×10^5$Pa で 100 mL の窒素がある。同じ圧力で温度を 177℃にすると体積は何 mL になるか(整数値)。

問2　問1で体積を 180 mL にするためには温度を何℃にすればよいか(整数値)。

8 | ボイル・シャルルの法則

問1　0℃のとき $1.0×10^5$ Pa で 1.0 L の気体がある。同じ体積のまま温度を 273℃にしたら圧力は何 Pa になるか。　　　　　　　　　　　　　　　　　　〈中京大〉

問2　27℃のとき $1.0×10^5$ Pa で 6.0 L の気体を，127℃で $5.0×10^5$ Pa の状態の気体にすると，体積は何 L になるか。　　　　　　　　　　　　　　　　　　〈中京大〉

問3　ヘリウムの入った風船が，20℃，$1.01×10^5$ Pa の地表面から上昇して高度 3000 m に達したとき，風船の体積は何倍になるか。ただし，高度 3000 m の大気は －5℃，$7.1×10^4$ Pa とする。また，ヘリウムは理想気体とし，風船の内部と外部で温度と圧力は等しいものとする。　　　　　　　　　　　　　　　　　　　　　〈東京都市大〉

9 | 気体の状態方程式

問1　27℃，$2.0×10^5$ Pa で 1 L の窒素の物質量は何 mol になるか。　　〈東洋大〉

問2　2.5 mol のアルゴンガスが，温度 27℃において容積 10 L の容器につめてある。このアルゴンガスの圧力は何 Pa か。

問3　容量 50 mL の容器に入れた液体 0.25 g を完全に気化させたら，容器内は 27℃，$8.0×10^4$ Pa になった。この液体の分子量はいくらか。　　　　　　〈愛知工業大〉

10 | 分圧の法則

$1.5×10^5$ Pa の酸素 2.0 L と $2.0×10^5$ Pa の窒素 3.0 L を混合して，全体の体積を 6.0 L にした。このとき温度は常に一定に保たれた。これについて，問1，2 に答えよ。

問1　混合気体中の酸素の分圧は何 Pa か求めよ。また，窒素の分圧は何 Pa か求めよ。

問2　混合気体の全圧は何 Pa か求めよ。　　　　　　　　　　　　　　　〈東北福祉大〉

11 混合気体の全圧

27℃において，12.8 g の酸素と 5.6 g の窒素を 3.0 L の容器に入れた。この混合気体の全圧は何 Pa か。　　　　　　　　　　　　　　　　　　　　　　　　　　〈千葉工業大〉

12 分圧とモル分率

酸素 O_2 8.0 g と，窒素 N_2 28.0 g を容積 V〔L〕の密閉容器に入れて温度を T〔K〕に保ったところ，全圧が P〔Pa〕であった。この混合気体における酸素の分圧として最も適当なものを①～⑤から選び，番号で答えよ。

①　$\dfrac{1}{5}P$〔Pa〕　　②　$\dfrac{1}{4}P$〔Pa〕　　③　$\dfrac{1}{3}P$〔Pa〕　　④　$\dfrac{5RT}{4V}$〔Pa〕　　⑤　$\dfrac{5RT}{V}$〔Pa〕

〈駒澤大〉

★ 13 コックつき容器と分圧

　右の図のように，容器 A（容積 1.0 L）と容器 B（容積 4.0 L）が，コックで連結されている。コックを閉じた状態で，容器 A にはプロパン C_3H_8 が 1.0×10^5 Pa，容器 B には酸素が 2.0×10^5 Pa の圧力で封入されている。容器 A，B は，常に 300 K に保たれており，変形

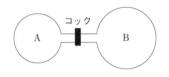

しない。また，連結部の体積は無視できるものとし，気体は理想気体とする。これについて，問 1 ～ 3 に答えよ。

問 1　容器 A に封入されているプロパンの物質量〔mol〕を求めよ。
問 2　コックを開けて，十分に時間が経ったあとの容器内部の全圧〔Pa〕を求めよ。
問 3　この混合気体の平均分子量を求めよ。　　　　　　　　　　　　　　　　〈工学院大〉

原子量：H = 1.0，C = 12，O = 16

気体定数：$R = 8.3 \times 10^3$ Pa·L/(mol·K)

14 水上置換と飽和蒸気圧

水素を水上置換で捕集したところ，27℃，9.96×10^4 Pa の大気圧の下で，その体積は 415 mL であった。27℃の水の飽和蒸気圧を 3.6×10^3 Pa として，捕集した水素の物質量 〔mol〕を求めよ。 〈東北学院大〉

15 飽和蒸気圧と物質の状態

次の問 1 ～ 4 に答えよ。ただし，水の飽和蒸気圧は 25℃ で 3.2×10^3 Pa，70℃ で 3.1×10^4 Pa とする。

問1 空気 0.10 mol と水 1.8 g を容積 10 L の密閉容器に入れた。容器温度が 25℃ のとき，容器内に液体の水が存在するかしないか答えよ。

問2 容器が**問1**の状態にあるとき，容器内の水蒸気の分圧は何 Pa か。

問3 **問1**の容器温度が 70℃ のとき，容器内に液体の水が存在するかしないか答えよ。

問4 容器が**問3**の状態にあるとき，容器内の気体の全圧は何 Pa か。 〈工学院大〉

16 飽和蒸気圧と物質量

ヘキサン 0.80 mol と窒素 0.40 mol からなる高温の混合気体を，1.0×10^5 Pa に保ったまま冷やすとヘキサンの液滴が生じた。17℃のとき，液体として存在するヘキサンの物質量は何 mol か。ただし，気体はすべて理想気体とし，17℃におけるヘキサンの飽和蒸気圧は 2.0×10^4 Pa とする。 〈東京都市大〉

★ 17 水素の燃焼と飽和蒸気圧

1.0 mol の水素と 1.0 mol の酸素を 10 L の容器の中で混合し，水素を完全に燃焼させた。燃焼後の容器内の温度が 77℃ のとき，容器内の圧力は何 Pa か。ただし，気体はすべて理想気体として扱い，77℃における水の飽和蒸気圧は 4.2×10^4 Pa とし，液体の水の体積は無視するものとする。 〈東京都市大〉

★ 18 メタンの燃焼と飽和蒸気圧

メタン 0.016 g，酸素 0.16 g の混合気体を容積 1.0 L の密閉容器に入れ，この混合気体中のメタンを完全燃焼させた。燃焼後，容器を 27℃ に保ち平衡状態とした。このとき，水の物質量のうち何％が液体となっているか。ただし，27℃での水の飽和蒸気圧は 3.6×10^3 Pa，また液化した水の体積と水への気体の溶解は無視するものとする。 〈東北学院大〉

19 実在気体

実在気体に関する次の文章中の①～⑤の[　　　]について，それぞれ正しいものを選び，記号で答えよ。

実在気体では，理想気体の状態方程式が厳密には成り立たないことが知られている。実在気体の場合，温度を下げると，分子の熱運動が弱くなり，分子間力の影響が①[(a)大きく，(b)小さく]なるため，体積の実測値は同条件下の理想気体と比べると，②[(a)大きく，(b)小さく]なる。一方，圧力が高くなると，単位体積あたりの分子数が増えるため，分子自身の体積の影響が大きくなり，その気体の体積は同条件下の理想気体よりも③[(a)大きく，(b)小さく]なる。したがって，実在気体でも④[(a)高温，(b)低温]で⑤[(a)高圧，(b)低圧]の状態では理想気体からのずれは小さいといえる。　　〈北海道医療大〉

20 実在気体のグラフ

次の図は，ヘリウム，メタンおよび二酸化炭素について，温度 T を 300 K に保ちながら圧力 P〔$\times 10^5$Pa〕を変化させ，気体 1 mol あたりの体積 V_m〔L/mol〕を測定して，$\dfrac{PV_m}{RT}$ の値を描いた曲線である。曲線①，②，③に対応する気体の組み合わせとして最も適当なものを，下の A～F のうちから 1 つ選び，記号で答えよ。

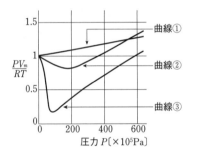

縦軸：$\dfrac{PV_m}{RT}$　横軸：圧力 P〔$\times 10^5$Pa〕

	曲線①	曲線②	曲線③
A	ヘリウム	メタン	二酸化炭素
B	ヘリウム	二酸化炭素	メタン
C	メタン	ヘリウム	二酸化炭素
D	メタン	二酸化炭素	ヘリウム
E	二酸化炭素	ヘリウム	メタン
F	二酸化炭素	メタン	ヘリウム

〈神戸学院大〉

4 溶解度

解答 ● 別冊 33 頁

気体定数：$8.3 \times 10^3 \, \mathrm{Pa \cdot L/(mol \cdot K)}$

21 飽和溶液

次の問1，2に答えよ。（整数値）

硝酸ナトリウムの溶解度は50℃で114 g/水100 gである。

問1 50℃の硝酸ナトリウムの飽和水溶液300 gに溶解している硝酸ナトリウムは何gか。

問2 50℃の硝酸ナトリウム飽和水溶液の質量パーセント濃度は何％か。 〈千葉工業大〉

22 固体の溶解度

水に対する硝酸カリウムの溶解度は，20℃で32，60℃で110である。60℃の硝酸カリウムの飽和溶液350 gを20℃まで冷却すると，析出する硝酸カリウムの結晶の質量は何gか（整数値）。 〈東北学院大〉

23 水の蒸発と固体の溶解度

水100 gを80℃に保ちながら26 gの塩化カリウムを溶かした水溶液を調製し，同じ温度に保ちながら水をg蒸発させたときに塩化カリウムの結晶が析出し始める。に当てはまる数値を求めよ。ただし，塩化カリウムの水への溶解度は，80℃で52.0とする（整数値）。 〈愛知工業大〉

★ 24 溶解度曲線

硝酸カリウムの溶解度（水100 gに溶ける溶質の最大質量〔g〕）と温度との関係を右の図に示した。図中A点（・）にある溶液600 gを45℃まで冷却するとき，析出する硝酸カリウムの質量は何gか。最も近い値を，次のⒶ～Ⓕのうちから1つ選び，記号で答えよ。

Ⓐ 35 　Ⓑ 100 　Ⓒ 180
Ⓓ 200 　Ⓔ 210 　Ⓕ 215 　〈神戸学院大〉

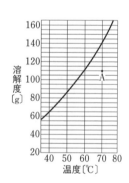

25 気体の溶解

20℃において，$2.02 \times 10^5 \, \mathrm{Pa}$ の二酸化炭素に接している350 mLの水がある。この水に溶解している二酸化炭素は0℃，$1.013 \times 10^5 \, \mathrm{Pa}$ に換算すると何Lか。ただし，20℃において，$1.013 \times 10^5 \, \mathrm{Pa}$ の二酸化炭素は水1 Lに $3.9 \times 10^{-2} \, \mathrm{mol}$ 溶けるものとする。

〈東京都市大〉

26 混合気体の溶解

20℃，1.0×10^5 Pa の酸素と接している水 1.0 L に溶けている酸素は 1.4×10^{-3} mol である。ヘンリーの法則に従えば，同じ温度，2.0×10^5 Pa で酸素を 20% 含む空気が水 5.0 L と接しているとき溶けている酸素は何 mol か。〈東洋大〉

★ 27 密閉容器中の気体の溶解

水 10 L と O_2 を同じ容器に入れて 20℃ に保ったところ，気体の体積が 0.586 L，気体の圧力が 4.15×10^4 Pa となり平衡状態に達した。気体の O_2 と，水に溶けている O_2 はそれぞれ何 mol か。ただし，20℃，1.0×10^5 Pa の O_2 の水への溶解度は，水 1.0 L に対して 1.38×10^{-3} mol である。O_2 の水への溶解はヘンリーの法則に従い，水の蒸気圧と体積の変化は無視できるものとする。

原子量：Na＝23, Cl＝35.5, Ca＝40

28 沸点上昇と凝固点降下

次の文章中の ア ～ ク に最も適する語句を記せ。

純水と砂糖水を同条件で放置すると, ア のほうが速く蒸発する。すなわち砂糖のような不揮発性物質が溶けている水溶液の蒸気圧は, 同じ温度の水の蒸気圧よりも イ い。この現象を ウ という。溶媒や溶液の蒸気圧が大気圧に等しくなるときの温度を沸点という。例えば, 大気圧が 1013 hPa のとき, 水の沸点は 100℃ であるが, 砂糖水の沸点はそれよりも エ い。この現象を オ という。

水は 0℃ で凝固するが, 食塩水は 0℃ よりも カ い温度で凝固する。この現象を キ という。非電解質の希薄溶液の場合, 溶媒と溶液の凝固点の差は, 溶質の種類に関係せず, 一定量の溶媒に溶けている溶質の ク に比例する。

29 沸点上昇の計算

1.01×10^5 Pa において, 水 3.0 kg に塩化ナトリウムを溶かしたところ, 0.10 K の沸点上昇を示す水溶液が得られた。溶かした塩化ナトリウムの質量は何 g か。ただし, 水のモル沸点上昇は 0.52 K·kg/mol とし, 水溶液中で塩化ナトリウムはすべて電離するものとする。

〈東京都市大〉

30 蒸気圧曲線

右の図は, P_2 の値が 1.013×10^5 Pa のときの純水と, 0.10 mol/kg 塩化ナトリウム水溶液の蒸気圧曲線である。次の 1 ～ 3 に当てはまるものをそれぞれ 1 つずつ選び, 記号で答えよ。

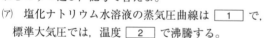

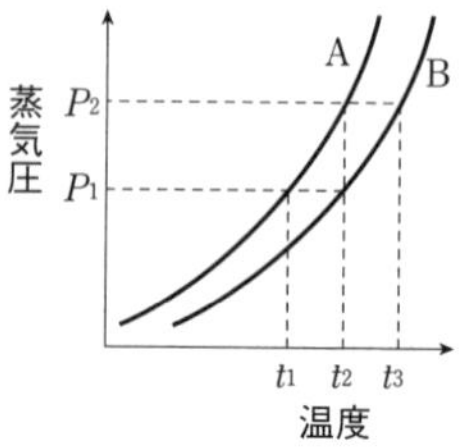

(ア) 塩化ナトリウム水溶液の蒸気圧曲線は 1 で, 標準大気圧では, 温度 2 で沸騰する。

① A ② B ③ t_1 ④ t_2 ⑤ t_3

(イ) 大気圧が P_1 のときには, 塩化ナトリウム水溶液は 3 ℃で沸騰する。

① 99.80 ② 99.90 ③ 99.95 ④ 100.00
⑤ 100.05 ⑥ 100.10 ⑦ 100.20

〈東洋大〉

31 凝固点降下の計算

塩化カルシウム $CaCl_2$ 11.1 g を水 500 g に溶かした溶液の凝固点〔℃〕はいくらか。ただし, 水のモル凝固点降下を 1.85 K·kg/mol とし, 純水の凝固点を 0℃ とする。なお, $CaCl_2$ は水溶液中で完全に電離しているものとする。

〈中京大〉

32 凝固点降下による分子量測定

スクロース（分子量 342）15.0 g を水 200 g に溶かした水溶液の凝固点は $-0.41℃$ であった。ある非電解質 22.5 g を水 100 g に溶かした水溶液の凝固点は $-0.82℃$ であった。この非電解質の分子量はいくらか。　　　　　　　　　　　　　　〈東洋大〉

33 凝固点の順序

次の(a)～(c)の水溶液を，凝固点の高いものから順に並べよ。

(a)　0.10 mol/kg の塩化マグネシウム水溶液

(b)　0.12 mol/kg の塩化ナトリウム水溶液

(c)　0.18 mol/kg のグルコース水溶液　　　　　　　　　　〈千葉工業大〉

34 冷却曲線

ある純溶媒 A の冷却曲線と，この溶媒にある非電解質を溶かした溶液 B の冷却曲線を，右の図にそれぞれ示した。これについて，問 1 ～ 3 に答えよ。

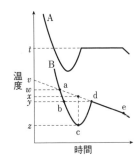

問 1　溶液 B において結晶が析出し始める点を a～e から 1 つ選べ。

問 2　純溶媒 A ではその凝固点は t である。溶液 B の凝固点を v～z から 1 つ選べ。

問 3　液体を冷却していくと，凝固点以下になってもすぐには凝固しない。この状態を何というか。　　〈中京大〉

原子量：H = 1.0，C = 12，O = 16，Na = 23，Cl = 35.5

気体定数：8.3×10^3 Pa·L/(mol·K)

35 浸透圧

生理食塩水(0.154 mol/L の塩化ナトリウム水溶液)の27℃での浸透圧は何 Pa か。ただし，27℃における塩化ナトリウムの電離度は 1.0 とする。　　　　　　〈玉川大〉

36 浸透圧による分子量測定

あるタンパク質 0.060 g を溶かした水溶液 10 mL を用いて浸透圧を測定したところ，27℃で 2.1×10^2 Pa であった。このタンパク質の分子量はいくらか。　　　〈関東学院大〉

37 浸透圧の計算

27℃で，グルコース $C_6H_{12}O_6$ 18.0 g を水に溶かして 500 mL とした。同温で，この溶液と浸透圧の等しい塩化ナトリウム NaCl 水溶液を 250 mL つくるのに必要な NaCl の質量〔g〕はいくらか。ただし，$C_6H_{12}O_6$ は非電解質であり，NaCl は水溶液中で完全に電離しているものとする。　　　　　　　　　　　　　　　　　　　　　　　　〈武庫川女子大〉

38 浸透圧の実験

右の図のように，U 字管の中央をセロハンで仕切り，片方に純水を，もう一方にデンプン水溶液を液面が同じ高さになるように入れた。温度を27℃に保ち，しばらく放置したところ，　ア　がはたらいて A 側の液面が低くなり，B 側の液面が高くなった。次の問 1 〜 3 に答えよ。

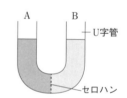

問 1　　ア　に当てはまる最も適切な語句を記せ。

問 2　27℃における 0.10 mol/L のデンプン水溶液 100 mL の　ア　は何 Pa か。

問 3　図の A 側に入れた液体として当てはまるものを次の①，②から 1 つ選び，記号で答えよ。

① 純水　　② デンプン水溶液　　　　　　　　　　　　　　　　　　　　〈中京大〉

39 コロイドの性質

コロイドに関する次の(a)〜(d)の現象，操作について，その名称を記せ。

(a) コロイド溶液に側面から光を当てると，コロイド粒子が光を散乱し，光の進路が明るく見える現象

(b) 分散媒の分子(例えば水分子)が，熱運動によってコロイド粒子に衝突して起こる不規則な運動

(c) コロイド溶液に電圧をかけると，コロイド粒子が一方の電極へ移動する現象

(d) セロハンなどを用いてコロイド溶液から不純物を除く操作　　　　　　〈中京大〉

40 コロイドの種類

次の文章中の [1] ～ [4] に当てはまる語句を記せ。

分散コロイドの一つである水酸化鉄(Ⅲ)のコロイド溶液に少量の電解質を加えると沈殿が生じる。このように少量の電解質によって沈殿するコロイドを [1] といい，この沈殿する現象を [2] という。また，多量の電解質を加えないと沈殿しないコロイドは，[3] という。[1] を安定化させるために加える [3] のことを [4] という。

〈東北学院大〉

★ 41 コロイドの実験

コロイド溶液の生成およびその性質を知るため次の操作を行った。次の**問1～3**に答えよ。

操作1 沸騰させた純水に塩化鉄(Ⅲ)の飽和水溶液を少量加えると，コロイド溶液が得られた。

操作2 得られたコロイド溶液の一部に電解質を少量加えると，沈殿を生じた。

操作3 このコロイド溶液の一部をセロハンの袋に入れ，ビーカーの中の純水中に一昼夜浸した。

問1 操作1で得られたコロイド溶液は次のⓐ～ⓓのどれに該当するか。記号で記せ。

ⓐ 保護コロイド　ⓑ 疎水コロイド　ⓒ 親水コロイド　ⓓ 分子コロイド

問2 操作1で得られたコロイド溶液の色は何色か。

問3 操作1で得られたコロイド粒子は正の電荷をもつ。次のⓐ～ⓓの化合物を含む同濃度の水溶液のうち，操作2において，最も少量でコロイド粒子を沈殿させるものはどれか。記号で答えよ。

ⓐ 塩化カリウム　ⓑ 硝酸カリウム

ⓒ ヨウ化ナトリウム　ⓓ リン酸ナトリウム

〈北海道医療大〉

第3章 物質の状態

化学反応のエネルギー

1 化学反応と熱

解答 ● 別冊44頁

原子量：H = 1.0，O = 16，Na = 23

1 反応エンタルピーの種類

次の(A)〜(F)の反応エンタルピー変化を何というか，答えよ。ただし，反応式中の物質に下線がある場合は，その物質から見たエンタルピー変化について解答せよ。

(A) $\underline{H_2(気)} + \dfrac{1}{2}O_2(気) \longrightarrow H_2O(液)$　$\Delta H = -286\,kJ$

(B) $C(黒鉛) + 2H_2(気) \longrightarrow \underline{CH_4(気)}$　$\Delta H = -75\,kJ$

(C) $H^+ + OH^- \longrightarrow H_2O$　$\Delta H = -56\,kJ$

(D) $\underline{NaOH(固)} + aq \longrightarrow NaOHaq$　$\Delta H = -44\,kJ$

(E) $\underline{H_2O(液)} \longrightarrow H_2O(気)$　$\Delta H = 44\,kJ$

(F) $\underline{C(黒鉛)} \longrightarrow C(気)$　$\Delta H = 717\,kJ$

〈埼玉工業大・改〉

2 反応エンタルピーの立式

25℃，$1.013 \times 10^5\,Pa$ における，エタノール(液体)の燃焼エンタルピーは $-1368\,kJ/mol$ であり，水(液体)の生成エンタルピーは $-286\,kJ/mol$ である。これについて，問1，2に答えよ。

問1　エタノール(液体)の燃焼時のエンタルピー変化を，化学反応式に書き加えた形で示せ。

問2　水(液体)の生成時のエンタルピー変化を，化学反応式に書き加えた形で示せ。

〈愛知学院大・改〉

3 反応エンタルピーの計算①

次のエンタルピー変化を書き加えた化学反応式を用いて，二酸化硫黄 SO_2 の生成エンタルピー〔kJ/mol〕を求めよ(整数値)。

$$SO_2(気) + \dfrac{1}{2}O_2(気) \longrightarrow SO_3(気) \quad \Delta H_1 = -99\,kJ \quad \cdots(1)$$

$$S(固) + \dfrac{3}{2}O_2(気) \longrightarrow SO_3(気) \quad \Delta H_2 = -396\,kJ \quad \cdots(2)$$

〈関東学院大・改〉

4 反応エンタルピーの計算②

問1　炭素(黒鉛)の燃焼エンタルピーは，$-394\,kJ/mol$ である。反応エンタルピーを書き加えた化学反応式で示せ。

問2　水素の燃焼エンタルピー(液体の水が生成)は，$-286\,kJ/mol$ である。反応エンタルピーを書き加えた化学反応式で示せ。

問3 プロパン C_3H_8 の生成エンタルピーは，$-107\ kJ/mol$ である。反応エンタルピーを書き加えた化学反応式で示せ。

問4 問1〜3を用いて，プロパンの燃焼エンタルピーを求めよ(整数値)。

〈大妻女子大・改〉

---

5 反応エンタルピーと反応量

次の化学反応式について，**問1〜3**に整数値で答えよ。

$$C_2H_6(気) + \boxed{\ ア\ }O_2(気)$$

$$\longrightarrow 2CO_2(気) + \boxed{\ イ\ }H_2O(液) \quad \Delta H = -1560\ kJ$$

問1 $\boxed{\ ア\ }$，$\boxed{\ イ\ }$ の中に入る適切な数字を記せ。

問2 発熱量が $390\ kJ$ のときに生じた水の質量は何 g か。

問3 発熱量が $468\ kJ$ のときに生じた二酸化炭素は，$0℃$，$1.013 \times 10^5\ Pa$ で何 L か。

〈東北福祉大・改〉

---

6 結合エネルギー(結合エンタルピー)

アンモニア分子中の N-H の結合エネルギー(結合エンタルピー)は何 kJ/mol か，整数値で答えよ。ただし，水素分子中の H-H の結合エネルギーを $436\ kJ/mol$，窒素分子中の N≡N の結合エネルギーを $945\ kJ/mol$，気体のアンモニアの生成エンタルピーを $-46.0\ kJ/mol$ とする。

〈東京都市大・改〉

★ 7 熱量と温度変化

次の文章を読み，**問1〜3**に答えよ。ただし，水の密度を $1.0\ g/mL$，溶液 $1\ g$ の温度を $1℃$ 上げるのに要する熱量は $4.2\ J$ とする。

反応熱を測定するために実験を行った。

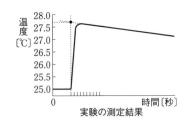

実験の測定結果

① 断熱容器に水 $100\ mL$ を入れ，温度を測定した。

② 正確に質量を測定した水酸化ナトリウムの固体 $1.0\ g$ を①に加えてすばやく溶かした。

③ 水酸化ナトリウムを入れたときから 30 秒ごとに液温をはかって記録した。

実験で測定した温度を時間に対してグラフにすると，上の図のようになった。

問1 図の点線による補正を参考にして，周囲への熱の放冷がなかったとみせる真の最高温度を読み取り，上昇温度を求めよ(小数第1位)。

問2 この実験では，$100\ mL$ の水を用いている。問1の上昇温度によって発生した熱量〔kJ〕を求めよ。

問3 水酸化ナトリウムの質量を考慮して，固体の水酸化ナトリウムの溶解エンタルピー〔kJ/mol〕を求めよ。

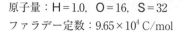

2 電池

解答 ➡ 別冊 49 頁

原子量：H = 1.0，O = 16，S = 32
ファラデー定数：9.65×10^4 C/mol

8 金属のイオン化傾向

次に示すのは，金属のイオン化列の一部である。 $\boxed{1}$ ～ $\boxed{5}$ に当てはまる元素をそれぞれ次の元素記号から選べ。

$$Ca > Mg > Al > Pb > Cu > Ag > Au$$

(1) $\boxed{1}$ は王水以外の酸とは反応しない。
(2) $\boxed{2}$ は常温で水と激しく反応する。
(3) $\boxed{3}$ は濃硝酸中では酸化被膜が形成されるためほとんど溶けない。
(4) $\boxed{4}$ は常温で水とは反応しないが，熱水と徐々に反応して H_2 を発生する。
(5) Cu の板を 0.1 mol/L 硝酸銀水溶液に浸すと， $\boxed{5}$ が Cu 表面に形成される。

〈東洋大〉

9 ダニエル電池

次の文章を読み，問 1 ～ 5 に答えよ。

硫酸亜鉛の水溶液に亜鉛板を入れ，硫酸銅（Ⅱ）水溶液に銅板を入れ，両方の水溶液が混じらないように，間に素焼き板などで仕切ることで電池ができる。

問 1　この電池の名称を記せ。
問 2　銅板，亜鉛板を導線でつなぐと電子が移動する。この電池の正極，負極は亜鉛板，銅板のどちら側になるか記せ。
問 3　両極で起こる変化をイオン反応式で示せ。
問 4　電子の移動方向はどちらになるのか矢印で記せ。　銅板　（矢印）　亜鉛板
問 5　酸化されたのはどちらの金属か記せ。

〈東北福祉大〉

10 鉛蓄電池①

次の文章中の $\boxed{ア}$ ～ $\boxed{キ}$ に当てはまる語句を記せ。

自動車のバッテリーなどとして広く使用されている鉛蓄電池は，正極活物質に $\boxed{ア}$，負極活物質に $\boxed{イ}$，電解質溶液に $\boxed{ウ}$ 水溶液を用いた二次電池である。電池から電流を取り出すときには，正極では $\boxed{ア}$ が $\boxed{エ}$ されて水に溶けにくい $\boxed{オ}$ となり正極に付着する。また，負極では $\boxed{イ}$ が $\boxed{カ}$ されて $\boxed{オ}$ となる。これらの反応が放電で，このとき，電解質溶液である $\boxed{ウ}$ 水溶液の濃度が減少して起電力が低下する。

長時間使用して電圧の低下した鉛蓄電池は，外部の直流電源につないで上の反応が起こったときとは逆向きの電流を流すと，逆反応が起こって電池の起電力が元に戻る。この操作を $\boxed{キ}$ という。

〈駒澤大〉

★ 11 鉛蓄電池②

次の文章中の a ～ h に当てはまる適切な語句，数値，化学式またはイオン式を答えよ。

自動車などに用いられる鉛蓄電池の起電力は2.1 Vで，放電時には，次のような反応が起こる。

（負極） $Pb + SO_4^{2-} \longrightarrow PbSO_4 + 2\boxed{a}$

（正極） $PbO_2 + 4\boxed{b} + SO_4^{2-} + 2e^- \longrightarrow \boxed{c} + 2H_2O$

充電時には，この反応と逆向きの反応が起こる。鉛蓄電池のように充電により繰り返し使用できる電池を d といい，充電による再使用ができない電池を e という。

いま，この鉛蓄電池において，1.93×10^4 Cの電気量を放電させたとき，負極の質量は f g増加し，正極の質量は g g h する。〈神奈川大〉

12 燃料電池

次の文章を読み，問1，2に答えよ。

燃料電池は，実用面では未だ課題が多いものの，クリーンなエネルギー源として注目されている。右の図は，電解液に高濃度のリン酸水溶液を使用するリン酸型の燃料電池の仕組みを示している。この電池では燃料と酸化剤を外部から供給し続ければ，半永久的に電気エネルギーを取り出すことができる。

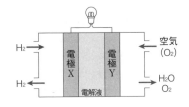

問1 電極X，電極Yでの反応を，それぞれ電子 e^- を含んだイオン反応式で示せ。

問2 電極Xで1.60 gの水素が反応したときに得られる電気量〔C〕を求めよ。ただし，反応した水素はすべて発電に使われたとする。〈駒澤大〉

原子量：Ag = 108

ファラデー定数：9.65×10^4 C/mol　　アボガドロ定数：6.0×10^{23} /mol

13 電気分解

文章中の　A　～　F　に入る語句を記せ。

電解質の水溶液や融解した塩に2本の電極を入れ，外部から電気エネルギーを加えることにより，通常，自発的に起こらない　A　反応を起こさせることができる。これを電気分解という。

電気分解では，外部の直流電源（電池）の負極と接続した電極を　B　極，正極と接続した電極を　C　極という。　B　極では，外部から　D　が流れ込むので，イオンや分子の　E　反応が起こり，　C　極では，　F　反応が起こる。　〈明海大〉

14 電気分解の反応式

右の表にあるような電極を利用して，化合物の水溶液を電気分解した。各電極で起こる変化をイオン反応式で示せ。　〈東北福祉大〉

	①	②	③
化合物	$AgNO_3$	$CuSO_4$	$CuCl_2$
電極	Pt	Cu	C

15 電気分解の計算①

陽極と陰極に白金電極を用いて硝酸銀水溶液を電気分解すると，陽極から発生した気体の体積は0℃，1.013×10^5 Pa で 224 mL であった。このとき，陰極に析出した金属の質量は何 g か。　〈千葉工業大〉

16 電気分解の計算②

硫酸銅(Ⅱ)水溶液を白金電極で電気分解する実験について，3.86 A の電流を1.00×10^5 秒間流したとき，反応する銅(Ⅱ)イオンは何 mol か。　〈武庫川女子大〉

★ 17 直列接続の電気分解

次の文章を読み，**問1〜4**に答えよ。

右の図に示す装置で 0.193 A の電流を 1 時間 23 分 20 秒間流して電気分解を行った。

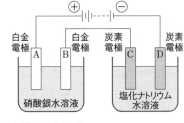

問1 A, C, D の各電極から発生する気体の化学式を示せ。

問2 電気分解の間に流れた電気量は何 C（クーロン）か。

問3 電気分解終了時に B の電極に析出した物質の質量は何 g か。

問4 発生した気体の溶解は無視できるものとして，A の電極から発生する気体の体積は 0℃，1.013×10^5 Pa で何 mL か。 〈埼玉工業大〉

18 陽イオン交換膜法

次の文章を読み，**問1〜4**に答えよ。

イオン交換膜法による食塩水の電気分解では，右の図のような電気分解装置を利用する。中央の陽イオン交換膜は陽イオンと水しか通すことができない。陰極にはニッケルや鉄が，陽極には反応しにくい炭素などが使われる。なお，溶液中には水素イオンも存在するが，その濃度はナトリウムイオンに比べて極めて低いので，ここでは無視するものとする。

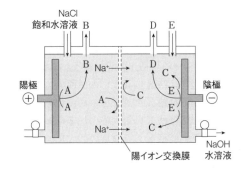

問1 図中の A〜E に相当するイオン，化合物または単体の化学式を示せ。

問2 陽極表面で起こる化学反応を電子を含むイオン反応式で示せ。

問3 陰極表面で起こる化学反応を電子を含むイオン反応式で示せ。

問4 5.0 A の電流を 3 分 13 秒間通じている間に，陽イオン交換膜を通過するナトリウムイオンの個数を求めよ。 〈京都女子大〉

1 反応速度

解答 ▶ 別冊 57 頁

1 化学反応のエネルギー

次の文章を読み，問 1，2 に答えよ。

分子が反応するとき，互いに分子が衝突し，さらに衝突した分子が ［ a ］ 状態とよばれるエネルギーの高い状態を経由する。

右の図は，$A + B \rightleftarrows 2C$ の反応の進行度とエネルギーの関係を表している。曲線 X は触媒がないときの反応（反応経路 X）のエネルギー変化を，曲線 Y は触媒があるときの反応（反応経路 Y）のエネルギー変化をそれぞれ表している。

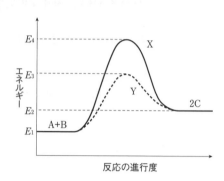

問 1　［ a ］ に当てはまる最も適切な語句を記せ。

問 2　図中の $E_1 \sim E_4$ を用いると，次の(1)～(4)はどのように表されるか。

(1)　反応経路 X の正反応の活性化エネルギー

(2)　反応経路 X の逆反応の活性化エネルギー

(3)　反応経路 X の逆反応の反応エンタルピー

(4)　反応経路 Y の正反応の活性化エネルギー

〈千葉工業大・改〉

2 反応速度を決める要因

次の文章中の ［ ア ］ ～ ［ ウ ］ に当てはまる最も適切な語句を，下の①～⑥から 1 つずつ選び，記号で答えよ。

気体反応 $H_2 + I_2 \longrightarrow 2HI$ において，反応物の濃度が ［ ア ］ ほど，反応速度は大きくなる。これは，濃度が ［ ア ］ ほど，分子の ［ イ ］ が大きくなるからである。また，反応速度は，温度を上げると急激に増大する。これは，温度上昇によって分子の熱運動が激しくなるために，［ ウ ］ を超える運動エネルギーをもった分子の数が増えるからである。

①　高い　　　　②　低い　　　③　衝突頻度

④　結合エネルギー　⑤　反応熱　　⑥　活性化エネルギー　　　〈東京都市大〉

3 反応速度式

次の文章中の ［ ア ］ に当てはまる文字式，［ イ ］ に当てはまる数値を記せ。

A に B を作用させると C が生じる反応について，A と B の初濃度 $[A]_0$，$[B]_0$ をさまざまに変えて実験を行ったところ，反応初期の C の生成速度 v_0 は，次の表のようになった。A と B の濃度を $[A]$，$[B]$ とし，C の生成速度を v，反応速度定数を k とすると，表より，反応速度式は ［ ア ］ と表せ，反応速度定数 k は ［ イ ］ $L^2/(mol^2 \cdot s)$ と求められる。

$[A]_0$〔mol/L〕	$[B]_0$〔mol/L〕	v_0〔mol/(L·s)〕
0.50	0.50	1.5×10^{-2}
1.00	0.50	6.0×10^{-2}
1.50	0.50	1.35×10^{-1}
0.50	1.00	3.0×10^{-2}
0.50	1.50	4.5×10^{-2}

〈東京都市大〉

〔4〕 反応速度の実験①

次の文章を読み，**問1～3**に答えよ。

0.80 mol/L の過酸化水素水に酵素のカタラーゼ水溶液を加えると，次の化学反応式に従って酸素が発生する。

$$2H_2O_2 \longrightarrow 2H_2O + O_2$$

この反応における過酸化水素濃度〔mol/L〕と反応時間〔分〕の関係を右の図に示す。

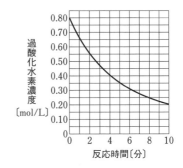

問1 反応時間2分から8分の間における過酸化水素の平均分解速度〔mol/(L・分)〕はいくらか。

問2 0.80 mol/L の過酸化水素水 100 mL にカタラーゼ水溶液を加え，10分間反応させたとき，発生する酸素は何 mol になるか。

問3 この反応速度は，温度が 10℃ 上がるごとに2倍に増大するとする。30℃ から 50℃ に上げると，分解速度は何倍になるか。

〈東洋大〉

★ 〔5〕 反応速度の実験②

次の文章を読み，**問1～3**に答えよ。

少量の酸化マンガン(Ⅳ)に 0.80 mol/L の過酸化水素水 10.0 mL を加え，20℃ に保ちながら時間の経過とともに過酸化水素濃度を測定した。その結果，次の表に示す実験結果が得られ，過酸化水素の分解速度はその濃度に比例することが明らかとなった。

反応時間〔min〕	0	1	3	6
過酸化水素濃度〔mol/L〕	0.80	0.62	0.38	0.18

問1 本実験における過酸化水素の分解反応を化学反応式で示せ。

問2 1～3 min の区間における過酸化水素の平均の反応速度〔mol/(L・min)〕を求めよ。

問3 1～3 min の区間の濃度変化から求められる，本反応の反応速度定数〔/min〕を求めよ。ただし，この区間における平均の過酸化水素濃度は，近似的に反応時間 1 min と 3 min の過酸化水素濃度の平均値で表されるものとする。

〈摂南大〉

6 平衡状態

次の文章を読み，問1，2に答えよ。

密閉した容器に N_2O_4 を入れて温度を一定に保ったとき，図1に示すように，時間とともに N_2O_4 は減少し，NO_2 は増加する。時間 t_e 以後は，各濃度は変化していない。この状態を ア という。この反応は，式(1)に示すように，右向き（⟶）にも左向き（⟵）にも起こっているので，イ 反応という。

$$N_2O_4 \rightleftharpoons 2NO_2 \quad \cdots(1)$$

この反応の速さの時間変化を図2に示す。右向き（⟶）の反応の速さを正反応の速さ（v_1），左向き（⟵）の反応の速さを逆反応の速さ（v_2）とすると，v_2 は図2中の曲線 ウ で表される。また，両者の差（v_1-v_2）を エ の反応の速さという。

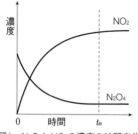

図1 N_2O_4とNO_2の濃度の時間変化

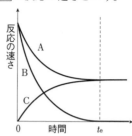

図2 反応の速さの時間変化

問1 ア ～ エ に当てはまる適切な語句または記号を記せ。

問2 時間 t_e 以後，（v_1-v_2）はどうなるか，次の@～©から1つ選び，記号で答えよ。

ⓐ $v_1-v_2 > 0$　　ⓑ $v_1-v_2 = 0$　　ⓒ $v_1-v_2 < 0$　　　〈九州産業大〉

7 平衡定数の計算①

次の文章中の 1 ～ 4 に当てはまる適切な数値を求めよ。

分子式 XY で示される気体は，気体 X_2 と気体 Y_2 に変化して，次の化学平衡に達する。

$$2XY \rightleftharpoons X_2 + Y_2$$

体積 5.0 L の容器に 2.0 mol の気体 XY を密封し一定温度で放置すると，1.0 mol だけ変化し，平衡に達した。平衡時の XY，X_2 および Y_2 の濃度は，それぞれ 1 mol/L，2 mol/L および 3 mol/L となる。また，このときの平衡定数 K は，4 である。ただし，最初に入れた XY 中には X_2 および Y_2 は存在しないものとする。

〈東洋大〉

平衡定数の計算②

一酸化窒素 0.100 mol と酸素 0.100 mol を 1.0 L の反応容器に入れて 527℃に加熱したところ，次の反応式に従って二酸化窒素が生成して平衡状態に達した。この状態における一酸化窒素のモル濃度が 0.040 mol/L のとき，二酸化窒素と酸素のモル濃度はそれぞれ何 mol/L か。また，平衡定数は何 $(mol/L)^{-1}$ か。ただし，反応容器の体積は温度により変化しないものとする。

$$2NO + O_2 \rightleftarrows 2NO_2$$

〈神奈川大〉

平衡状態の計算

中を真空にした反応容器に CO_2 と H_2 をそれぞれ 1.0 mol ずつ入れて温度を一定に保つと，①の反応が起こり，十分な時間が経過すると平衡に達する。①の反応の平衡定数は，この温度で 0.040 である。平衡に達すると容器内に何 mol の CO が生成しているか。

$$CO_2(気) + H_2(気) \rightleftarrows CO(気) + H_2O(気) \quad \cdots ①$$

〈神奈川大〉

平衡の移動①

次の化学反応式

$$N_2(気) + 3H_2(気) \rightleftarrows 2NH_3(気) \quad \Delta H = -92\ kJ$$

で表される可逆反応が平衡状態にあるとき，NH_3 の生成量を増やすにはどのようにすればよいか。次の⑦〜㋛から 1 つ選び，記号で答えよ。

⑦ N_2 を加える。　　㋑ H_2 を減らす。　　㋒ 圧力を低くする。

㋔ 反応温度を上げる。　　㋛ 触媒の量を増やす。

〈千葉工業大・改〉

★ **平衡の移動②**

次の(1)〜(3)の化学反応で平衡状態が成立しているとき，(a)および(b)の操作によって，平衡はそれぞれどのように変化するか。右方向に平衡が移動する場合は①，左方向に平衡が移動する場合は②，どちらにも移動しない場合は③と答えよ。

(1) $CH_3COOH \rightleftarrows CH_3COO^- + H^+$（水溶液）

(a) 水酸化ナトリウムを加える。

(b) 酢酸ナトリウムを加える。

(2) $2SO_2(気) + O_2(気) \rightleftarrows 2SO_3(気) \quad \Delta H = -188\ kJ$

(a) 温度を一定に保ち，圧力を高くする。

(b) 触媒を加える。

(3) $N_2(気) + O_2(気) \rightleftarrows 2NO(気) \quad \Delta H = 180\ kJ$

(a) 温度を一定に保ち，圧力を高くする。

(b) 圧力を一定に保ち，温度を高くする。

〈埼玉工業大・改〉

12 電離平衡

次の文章中の　a　～　e　に当てはまる式を記せ。

濃度 c〔mol/L〕の酢酸水溶液の pH を考えてみよう。酢酸は弱酸なので，水溶液中で一部が電離して酢酸イオンと水素イオンになる。このときの電離度を α とすると，酢酸イオンの濃度は　a　となる。同様に，電離していない酢酸の濃度は $c(1-\alpha)$ と表されるが，α は 1 に比べて非常に小さいので，　b　と近似できる。また，水素イオンは酢酸から酢酸イオンを生じたときに同時に生じるものなので，水素イオンの濃度は酢酸イオンの濃度と等しい。酢酸の電離定数 K_a は，電離していない酢酸の濃度を　b　として表すと，$K_a =$　c　となる。この K_a を用いて水素イオン濃度を表すと　d　となるので，pH は　e　と求められる。　　　　　　　〈神奈川大〉

13 電離平衡の計算

次の文章を読み，問 1，2 に答えよ。

酢酸は水溶液中で一部が電離し，次のような電離平衡が成立する。

$$CH_3COOH \rightleftarrows CH_3COO^- + H^+$$

酢酸の電離定数 K_a は 2.0×10^{-5} mol/L，$\sqrt{2} = 1.41$，$\log_{10} 1.4 = 0.15$ とする。

問 1　0.10 mol/L の酢酸水溶液の電離度を求めよ。

問 2　0.10 mol/L の酢酸水溶液の pH を求めよ。　　　　　　　　〈関東学院大〉

14 緩衝液の原理

次の文章中の　1　～　7　に当てはまる適切な語句，化学式，イオン式を答えよ。

0.1 mol/L の酢酸（CH_3COOH）と 0.1 mol/L の酢酸ナトリウム（CH_3COONa）を含む 1 L の水溶液中で，CH_3COOH は下記の（式 1）の平衡状態にある。

$$CH_3COOH \rightleftarrows CH_3COO^- + H^+ \quad \cdots(式 1)$$

この水溶液に 1 mol/L の塩酸を少量滴下すると，（式 1）の平衡は　1　に移動する。すなわち，塩酸から生じた　2　は，大量に存在する　3　と結合して　4　になる。そのため，水溶液の H^+ の濃度はほとんど変わらない。つまり，水溶液の pH はほとんど変わらない。

一方，この水溶液に 1 mol/L の NaOH 水溶液を少量滴下すると，NaOH から生じた　5　と H^+ が反応する。このとき，（式 1）の平衡は　6　に移動するため，水溶液の H^+ の濃度はほとんど変わらない。つまり，水溶液の pH はほとんど変わらない。

この例のように，外から加えた酸や塩基の影響をやわらげて pH の値をほぼ一定に保つ性質をもつ溶液を　7　という。　　　　　　　　〈東洋大〉

★ 15 緩衝液の計算

濃度 0.30 mol/L の酢酸水溶液 200 mL と濃度 0.30 mol/L の酢酸ナトリウム水溶液 100 mL を混合した。この混合溶液の体積はちょうど 300 mL になった。25℃におけるこの混合溶液の水素イオン濃度は何 mol/L となるか。ただし，25℃の酢酸の電離定数を 2.7×10^{-5} mol/L とする。 〈愛知工業大〉

16 溶解度積①

次の文章を読み，問 1 ～ 3 に答えよ。

難溶性の塩化銀 AgCl を水に入れると，沈殿のごく一部が水に溶けて飽和溶液となる。この飽和溶液中では固体の AgCl と水溶液中のイオンの間に，式(1)のような平衡が成り立つ。

$$\text{AgCl(固)} \ \rightleftharpoons \ \text{Ag}^+ + \text{Cl}^- \quad \cdots(1)$$

この飽和溶液中の Ag^+ の濃度が 1.33×10^{-5} mol/L であった場合，溶解度積は ［ ア ］ $(\text{mol/L})^2$ と求められる。塩化銀の沈殿を含む飽和溶液に塩化ナトリウムを加えると，式(1)の平衡は ［ イ ］ の方向へ移動して，AgCl の固体の量は ［ ウ ］ する。また，塩化銀の沈殿を含む飽和溶液にアンモニア水を加えると，ジアンミン銀（I）イオンが生成する。すると式(1)の平衡は ［ エ ］ の方向へ移動して，AgCl の固体の量は ［ オ ］ する。

問 1 ［ ア ］ に当てはまる適切な数値を求めよ。

問 2 ［ イ ］ ～ ［ オ ］ に適切な語句を記せ。

問 3 下線部の現象は何とよばれるか。

★ 17 溶解度積②

次の文章を読み，問 1 ～ 3 に答えよ。

塩化ナトリウムとクロム酸カリウムをそれぞれ 9.0×10^{-4} mol/L 含む水溶液に硝酸銀水溶液を加えてゆくと，溶液中の ［ ア ］ イオンがほぼすべて ［ イ ］ として沈殿した後に ［ ウ ］ の沈殿ができ始める。なお，塩化銀の溶解度積 $K_{\text{sp}} = [\text{Ag}^+][\text{Cl}^-] = 1.8 \times 10^{-10}$ $(\text{mol/L})^2$，クロム酸銀の溶解度積 $K_{\text{sp}} = [\text{Ag}^+]^2[\text{CrO}_4{}^{2-}] = 9.0 \times 10^{-12}$ $(\text{mol/L})^3$ とする。また，溶液の体積変化は無視できるものとする。

問 1 ［ ア ］ に当てはまる適切な語句と，［ イ ］，［ ウ ］ に当てはまる適切な化学式を答えよ。

問 2 ［ イ ］ の沈殿が生じるときの銀イオンのモル濃度を求めよ。

問 3 ［ ウ ］ の沈殿は，銀イオンのモル濃度がいくつを超えたときに生じるか。

〈愛知学院大〉

第6章　無機物質

1 ハロゲンの単体

次の文章中の ア ～ カ に当てはまる適切な語句および物質名を記せ。

ハロゲンは，陰イオンになりやすい性質をもっていることから，酸化作用を示す。最も酸化作用の強い単体は， ア 色の イ であり，水と激しく反応し酸素を発生する。常温・常圧で液体の単体は， ウ 色の エ であり，沸点が最も高い単体は オ 色の カ である。　　　　　　　　　　　　　　　　　　　　　　〈玉川大〉

★ 2 ハロゲンの反応

次の文章を読み，問1～3に答えよ。

ハロゲンの単体は，いずれも有色・有毒の物質で，臭素は a 色の b 体である。また，原子番号が大きいものほど，融点や沸点は c 。ハロゲンの単体と水素を反応させると，ハロゲン化水素が生じる。ハロゲン化水素の1つであるフッ化水素は，実験室では d に濃硫酸を加えて加熱すると発生させることができる。フッ化水素の水溶液は，フッ化水素酸とよばれている。また，ハロゲンと銀の化合物は，ハロゲン化銀とよばれている。

問1 a ～ d に当てはまる語句を記せ。

問2 フッ化水素酸を保存する方法として誤りを含むものを，次の①～⑤から1つ選び，記号で答えよ。
① ガラスびんに入れて保存する。　② ポリエチレン容器に入れて保存する。
③ 暗所に保存する。　④ 密栓をして保存する。　⑤ 温度の低い場所に保存する。

問3 次の4種類のハロゲン化銀に関する，下の(1), (2)に答えよ。
　　AgF　　　AgCl　　　AgBr　　　AgI
(1) AgCl と AgI の結晶の色を答えよ。
(2) 4種類のハロゲン化銀のうち，水に溶けやすい物質をすべて答えよ。

3 塩素

次の文章を読み，問1～4に答えよ。

塩素は，刺激臭のある①有色・有毒の気体で，実験室では②酸化マンガン(Ⅳ)に濃塩酸を加え，加熱して発生させる。発生した塩素には ア と イ が混ざっているため，まず，水に通して ア を除去し，次に濃硫酸に通して イ を除去し， ウ 置換で捕集する。

塩素は，水に溶けやすく，その一部が水と反応して a と b を生じる。また，塩素には酸化作用があり，③ヨウ化カリウム水溶液に塩素水を加えると，溶液の色は無色から エ 色に変化する。

問1 ア ～ エ に当てはまる適切な語句と， a と b に当てはまる適切

な化学式を答えよ。

問2 下線部①の色を答えよ。

問3 下線部②の反応を化学反応式で示せ。

問4 下線部③で起こる反応をイオン反応式で示せ。 〈愛知学院大〉

4 オゾン

次の文章中の 1 ～ 6 に当てはまる適切な語句を記せ。

オゾンは，酸素の 1 であり，成層圏では生体に有害な 2 線を吸収して，地球上の生物を守っている。従来，スプレーの噴射剤や冷蔵庫・エアコンの冷媒などに使用されてきた 3 は，成層圏でオゾンを分解するため，それに代わる物質の開発が進められている。オゾンは，酸素中での 4 や酸素への 2 線の照射により生成する。オゾンは， 5 力が強く，殺菌作用がある。また，オゾンの検出には，水に湿らせたヨウ化カリウムデンプン紙が使用される。湿ったヨウ化カリウムデンプン紙は，オゾンに触れると 6 色に変化するためである。 〈関東学院大〉

5 硫黄の化合物と硫酸の工業的製法

次の文章を読み，問1～4に答えよ。

① 硫化鉄(Ⅱ)に希硫酸を反応させると， ア 臭のする有毒な イ が発生する。 イ をヨウ素と反応させると硫黄が生成することから， イ には強い ウ 性があることがわかる。

② 硫黄を燃焼させると，刺激臭のある有毒な A を発生する。 イ の水溶液に A を吹き込むと溶液に不溶物を生じる。A も ウ 性のある気体だが， イ との反応では エ 剤としてはたらいていることがわかる。

③ 酸化バナジウム(Ⅴ)を触媒として，A に酸素を反応させると オ になる。 オ を濃硫酸に吸収させて発煙硫酸にし，この発煙硫酸を希硫酸で薄めて濃硫酸を製造する。

問1 ア ～ オ に適切な物質名，語句を記せ。

問2 A の化学式を示せ。

問3 下線部の変化を化学反応式で示せ。

問4 ②，③に示したような硫酸の工業的製法を何法というか。 〈愛知学院大〉

★ 6 硫酸の性質

問1 硫酸は濃度や温度によって(a)不揮発性，(b)強酸性，(c)酸化作用，(d)脱水作用などの性質を示す。次の①～④の記述は，硫酸の主としてどの性質によるものか。(a)～(d)から当てはまるものをそれぞれ1つずつ選び，記号で答えよ。

① 濃硫酸に塩化ナトリウムを加えて加熱すると，塩化水素が発生する。

② 銅の粉末に濃硫酸を加えて加熱すると，二酸化硫黄が発生する。

③ 希硫酸に水酸化ナトリウム水溶液を加えると，塩をつくる。

④ グルコースに濃硫酸を加えると，炭素が析出する。

問2 問1で示した①～④の反応を化学反応式で示せ。 〈北海道医療大〉

2 非金属元素②(15 族, 14 族元素) 解答 ▶ 別冊 71 頁

原子量：H = 1.0，N = 14，O = 16

7 窒素酸化物

次の文章を読み，問 1 ～ 4 に答えよ。

窒素の酸化物には，一酸化窒素や二酸化窒素などがある。一酸化窒素は，無色の気体で，水に溶けにくい。また，一酸化窒素は，銅と希硝酸を反応させることで得られる。

$$3Cu + 8HNO_3 \longrightarrow 3Cu(NO_3)_2 + 2NO + 4H_2O$$

一酸化窒素は，空気中で酸素と容易に反応し，二酸化窒素になる。二酸化窒素は，赤褐色の有毒な気体で，水に溶けやすい。二酸化窒素を水に吸収させたものが，硝酸である。

また，二酸化窒素は，銅と濃硝酸を反応させることで得られる。

[　　　　　A　　　　　]

問 1　下線部で起こる反応の化学反応式を示せ。

問 2　[A] に当てはまる，銅と濃硝酸との反応の化学反応式を示せ。

問 3　①一酸化窒素と②二酸化窒素の捕集方法として，それぞれ最も適したものを記せ。

問 4　鉄を濃硝酸に入れると，ち密な酸化被膜が表面にできて，それ以上反応しなくなる。この状態を何というか。

〈大阪工業大〉

★ 8 硝酸の工業的製法

次の文章を読み，問 1 ～ 5 に答えよ。

硝酸は，次の図のような工程で工業的に製造される。

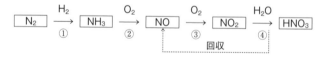

問 1　アンモニアを酸化して一酸化窒素を得る反応(反応②)を化学反応式で示せ。

問 2　二酸化窒素と水を反応させると，硝酸と一酸化窒素になる反応(反応④)を化学反応式で示せ。

問 3　アンモニアは工業的には窒素と水素を体積比 1：3 で混合して，鉄を主成分とする触媒を用いて合成される(反応①)。この工業的製法の名称を記せ。

問 4　一般に触媒を用いる反応を，図の反応②～④から 1 つ選び，記号で答えよ。

問 5　図の反応④で生じた一酸化窒素をすべて回収して再利用を繰り返した場合，理論的に 10 kg の窒素から得られる硝酸の質量〔kg〕を求めよ。答えは有効数字 2 桁で記せ。

9 リン

次の文章を読み，**問1**，**2**に答えよ。

リンの単体のうち，空気中で自然発火するものを ア という。 ア を250℃付近の窒素ガス中で長時間加熱すると イ が得られる。 ア と イ は互いに ウ で，(1)空気中で燃焼させると，どちらからも潮解性のある白色粉末状の エ が生成する。生成した(2) エ に水を加えて加熱すると，リン酸が生成する。肥料に用いられる オ は，リン鉱石を硫酸で処理してできたリン酸二水素カルシウムと硫酸カルシウムの混合物である。

問1 ア ～ オ に当てはまる語句を記せ。

問2 下線部(1)，(2)の反応を化学反応式で示せ。　　　　　　　　　　〈工学院大〉

10 炭素

次の文章中の 1 ～ 10 に当てはまる最も適切な語句や数値を記せ。

1 と 2 は，炭素の 3 である。 1 の各炭素原子は 4 個の価電子を用いて隣接する 4 個の炭素原子と 5 結合で強く結びついており，正 6 体を基本単位とした 7 網目構造を形成している。このため， 1 は非常に硬く，電気を通さない。

2 の各炭素原子は，隣接する 8 個の炭素原子と 5 結合して，正 9 形を基本単位とした 10 網目構造を形成している。この 10 構造どうしは，比較的弱い分子間力で積み重なっている。このため 10 構造どうしは，はがれやすく，軟らかい。また，各炭素原子あたり1個の価電子は， 10 構造内を自由に動くことができるので， 2 は電気をよく通す。　　　　　　　　　　〈名古屋学院大〉

11 ケイ素

次の文章を読み，**問1**，**2**に答えよ。

ケイ素は，地殻を構成する元素の一つで， ア の次に多く含まれている。単体は，金属のような光沢があり，結晶は イ と同じ構造をしている。ケイ素の化合物である二酸化ケイ素は，石英，水晶，ケイ砂などとして天然に存在している。これらの結晶は，SiO_2 の構造が繰り返された構造をしていて， ウ 。二酸化ケイ素は酸性酸化物で，水酸化ナトリウムと高温で反応して エ を生じる。 エ に水を加えて加熱すると オ になる。さらに酸を加え，加熱脱水すると，シリカゲルが得られる。

問1 ア ， イ ， エ ， オ に当てはまるべき適当な語句を答えよ。

問2 ウ に入れるべき最も適当なものはどれか。①〜⑤から1つ選び，記号で答えよ。

① 軟らかくて融点が低い　② 軟らかくて融点が高い　③ 硬くて融点が低い

④ 硬くて融点が高い　⑤ 展性や延性がある

12 ナトリウム

次の文章中の 1 に当てはまる最も適切なものを下の㋐〜㋓から選び，記号で答えよ。また，2 〜 8 に最も適切な語句または数値を記せ。

ナトリウムは，1 などと同じ，2 元素に属する。これらの単体は水と激しく反応し，3 を発生して 4 となる。また，ナトリウムは，乾燥空気中では 5 と反応し，6 となる。天然には 7 価の 8 イオンとして多量に存在する。

㋐　鉄　　㋑　銅　　㋒　カリウム　　㋓　カルシウム　　　　　　　〈大妻女子大〉

13 カルシウム

次の文章を読み，問 1 〜 3 に答えよ。

カルシウムの化合物は古代から知られており，広く自然界に存在している。その主要な化合物である化合物Aは古生物に由来し，地表には石灰石や大理石として分布している。この化合物Aは純粋な水には溶けにくいが，気体aが溶けた水には化合物Bとなって溶ける。また，化合物Aは，塩酸には気体aを発生して溶け，強熱すると分解して気体aを放出して化合物Cを生成する。

この気体aと化合物Cはともに酸化物で，気体aは ア 酸化物とよばれ，イ と反応して塩を生ずるのに対し，化合物Cは ウ 酸化物とよばれ，エ と反応して塩を生ずる。

また，化合物Cは生石灰ともよばれ，水と反応して多量の熱を放出して化合物Dとなるので，発熱剤や乾燥剤としても使われる。

問 1　化合物A〜化合物Dはいずれもカルシウムの化合物である。これらの化合物の化学式を示せ。

問 2　気体aの化合物名を記せ。

問 3　ア 〜 エ に当てはまる最も適切な語句を記せ。　　　　　　　〈駒澤大〉

14 炭酸ナトリウムの工業的製法

次の文章を読み，**問1，2**に答えよ。

炭酸ナトリウムは，まず _A塩化ナトリウム水溶液にアンモニアと二酸化炭素を通じて炭酸水素ナトリウムを生成させ，さらに _B生成した炭酸水素ナトリウムを加熱すると得られる。工業的には，次の図のようにアンモニア，塩化ナトリウム，石灰石を主原料とし，副生成物として得られるアンモニアと二酸化炭素を回収して再利用する ［ ア ］ 法が知られている。

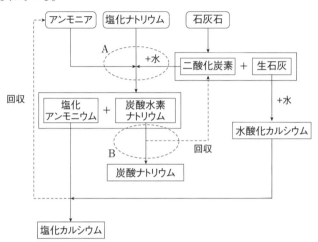

問1 ［ ア ］ の製法名を記せ。

問2 下線部 A，B の反応の化学反応式を示せ。

15 アルミニウム

アルミニウムに関する次の記述中の ［ 1 ］ ～ ［ 9 ］ に当てはまる最も適切な用語，語句または化学反応式を答えよ。

(1) アルミニウムに希塩酸を加えると，反応式 ［ 1 ］ により溶解する。

(2) アルミニウムイオンが存在する水溶液に NaOH 溶液を少量加えると，［ 2 ］ が生成する。

(3) 硫酸アルミニウムと硫酸カリウムの混合液を濃縮すると，［ 3 ］ の結晶が得られる。こうした塩は，［ 4 ］ 塩とよばれる。

(4) 硝酸は，塩酸と異なり，酸であるとともに ［ 5 ］ 力を有している。アルミニウムに濃硝酸を加えても，溶解しないで ［ 6 ］ 被膜を形成し，［ 7 ］ 態となる。

(5) アルミニウムは，酸と塩基に対して反応するので，［ 8 ］ 金属とよばれる。同様の元素は，はかにも，例えば ［ 9 ］ がある。

4 遷移元素, 金属イオンの反応 解答 ▶ 別冊 77 頁

16 銅の電解精錬

次の文章中の 1 ~ 5 に当てはまる適切な語句を記せ。

黄銅鉱から得られた銅は, 不純物を多く含み, 1 とよばれる。純度の高い銅を 1 から得るために, 電気分解を利用する。電解液として希硫酸を加えた硫酸銅(Ⅱ) 水溶液を用い, 厚い 1 の板を陽極, 薄い純銅の板を陰極として, 約 0.3 V の低電圧で電解を行う。電解液に電流を通じると, 2 極から銅(Ⅱ)イオンとなって溶液中に溶け出し, 3 極で銅となって析出する。これを銅の電解精錬という。このとき, 1 の中に含まれている不純物の金属のうち, イオン化傾向が銅よりも 4 金属は, 陽極の下に沈殿し, イオン化傾向が銅よりも 5 金属は, イオンとして溶液中に残る。　　　　　　　　　　　　　　　　　　　　　　　　　　　　　　〈東洋大〉

17 鉄の製錬

製鉄に関する次の文章中の ア ~ エ に当てはまる最も適切な語句や組成式を答えよ。

鉄(Fe)は鉄鉱石(主成分 Fe_2O_3), コークス(C), 石灰石($CaCO_3$)を溶鉱炉に入れ, 下から熱風を吹き込んで反応させて得る。ここで起こる反応では, はじめにコークスが燃え, 生成した ア を作用させることで, 次のように鉄を生成する。

$$Fe_2O_3 \longrightarrow Fe_3O_4 \longrightarrow \boxed{イ} \longrightarrow Fe$$

この時点の鉄は炭素を約 4% 含む ウ である。ここに酸素を吹き込み, 炭素を酸化して除くことで, 炭素含有が 2% 以下の エ が得られる。　　　　　　　〈神戸学院大〉

18 金属イオンの沈殿反応

次の問1, 2に答えよ。

問1　次の①~④のイオンのうち, その水溶液に希塩酸を加えると, 白色の沈殿を生じるものを1つ選び, 番号で答えよ。
① Pb^{2+}　　② Mg^{2+}　　③ Fe^{3+}　　④ Sn^{2+}

問2　次の①~④のイオンのうち, その水溶液に塩酸酸性で硫化水素を通じると, 黒色の沈殿を生じるものを1つ選び, 番号で答えよ。
① Ca^{2+}　　② Fe^{2+}　　③ Zn^{2+}　　④ Cu^{2+}

19 金属イオンと塩基の反応

次の問1，2に答えよ。

問1 少量のアンモニア水を加えると，沈殿を生じ，過剰に加えると，その沈殿が溶けるものの組合せはどれか。次の⒜〜Ⓔのうちから，正しいものを1つ選び，記号で答えよ。

⒜ Ag^+，Cu^{2+}　　Ⓑ Al^{3+}，Cu^{2+}　　Ⓒ Al^{3+}，Fe^{3+}

Ⓓ Al^{3+}，Zn^{2+}　　Ⓔ Fe^{3+}，Zn^{2+}　　　　　　　〈神戸学院大〉

問2 次の⒜〜⒟のイオンをそれぞれ別々に含む水溶液がある。このうち，過剰に水酸化ナトリウム水溶液を加えても，沈殿が溶解しないものはどれか。記号で答えよ。

⒜ Al^{3+}　　⒝ Zn^{2+}　　⒞ Pb^{2+}　　⒟ Cu^{2+}　　　〈千葉工業大〉

20 鉄イオンの沈殿反応

Fe^{3+} を含む水溶液に次の(a)，(b)の操作を行ったときの溶液の変化の組合せとして最も適当なものを，下の①〜⑥から1つ選び，番号で答えよ。

操作(a) チオシアン酸カリウム $KSCN$ の水溶液を数滴加えた。

操作(b) ヘキサシアニド鉄(Ⅱ)酸カリウム $K_4[Fe(CN)_6]$ の水溶液を数滴加えた。

	操作(a)	操作(b)
①	黒色の沈殿が生じる。	濃青色の沈殿が生じる。
②	黒色の沈殿が生じる。	赤褐色の沈殿が生じる。
③	沈殿は生じず，溶液は赤くなる。	沈殿は生じず，溶液は青くなる。
④	沈殿は生じず，溶液は赤くなる。	濃青色の沈殿が生じる。
⑤	沈殿は生じず，溶液は青くなる。	沈殿は生じず，溶液は青くなる。
⑥	沈殿は生じず，溶液は青くなる。	赤褐色の沈殿が生じる。

〈畿央大〉

21 金属イオンの系統分離

Ag^+，Cu^{2+}，Fe^{3+}，K^+ および Zn^{2+} の5種類の金属イオンを含む水溶液から，次の図のようにして金属イオンを分離した。沈殿ア，イ，エの化学式を示せ。

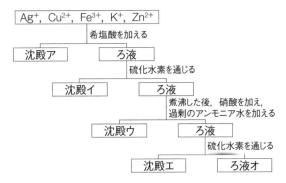

〈神戸学院大〉

第7章 有機化合物

1 元素分析・異性体

解答 ▶ 別冊 81 頁

原子量：H = 1.0，C = 12，O = 16

1 元素分析

次の文章中の ア ～ エ に当てはまる最も適当な数値または分子式を記せ（ ア ， イ は小数第 1 位）。

炭素，水素，酸素からなる化合物の元素分析を行うために，試料 36.0 mg を完全燃焼させたところ，二酸化炭素 52.8 mg，水 21.6 mg を生じた。このとき，試料中の成分元素の質量は，炭素が 14.4 mg，水素が ア mg，酸素が イ mg と計算される。この化合物の組成すなわち炭素：水素：酸素の原子数の比は ウ である。分子量が 60 と測定された場合，分子式は エ である。　　　　　〈金沢工業大〉

2 元素分析装置

元素分析に関する次の文章を読み，問 1 ～ 4 に答えよ。

化合物を構成する元素の種類や質量組成を決めることを，元素分析という。次の図は，元素分析の装置を示している。この分析の原理は，正確に質量を測定した有機化合物を，乾燥した酸素によって完全燃焼させ，生じた水と二酸化炭素の質量から，有機化合物の水素と炭素の質量を求める。そして，有機化合物中の酸素の質量は，有機化合物の質量から水素と炭素の質量を差し引いて求める。

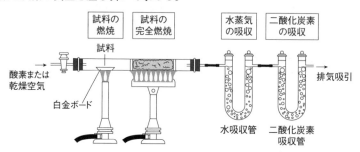

炭素・水素・酸素からできている有機化合物の元素分析

問 1 有機化合物を完全燃焼させるときに用いる酸化剤の物質名を記せ。

問 2 生じた水を吸収するために用いる化合物名を記せ。

問 3 生じた二酸化炭素を吸収するために用いる物質名を記せ。

問 4 炭素，水素，酸素からなる有機化合物 18.4 mg を完全に燃焼させると，二酸化炭素が 35.2 mg，水が 21.6 mg 得られた。この化合物の分子量を 46 としたときの分子式を示せ。

3 官能基

次のア〜オの化学構造をもつ化合物群の一般名を記せ。ただし，R，R′ は炭化水素基を表すものとする。

ア $\underset{R'}{\overset{R}{\diagdown}}C=O$　イ $\underset{R}{\overset{H}{\diagdown}}C=O$　ウ $R-\underset{H}{\overset{H}{\underset{|}{\overset{|}{C}}}}-OH$　エ $R-\overset{O}{\overset{\|}{C}}-OH$　オ $R-\overset{O}{\overset{\|}{C}}-O-R'$

〈愛知学院大〉

4 異性体

次の文章中の □1□ 〜 □8□ に当てはまる最も適当な語句を記せ。

有機化合物の分子式が同じで構造や性質が異なる化合物を，互いに □1□ という。□1□ のうち，分子の構造式が異なる □1□ を □2□ という。

炭素原子の数が4以上のアルカンには，炭素原子のつながり方の違いによる □2□ が存在する。例えば，C_4H_{10} には直鎖状と枝分かれ状の2個の □1□ が存在する。直鎖状の化合物が □3□ ，枝分かれ状の化合物は □4□ である。

□1□ には，このほかに □5□ などがある。□5□ には，□6□ や鏡像 □1□ があり，例えば，2-ブテン $CH_3-CH=CH-CH_3$ のように，炭素-炭素二重結合で結ばれた2つの炭素原子に，それぞれ異なる原子や原子団が結合している場合，□6□ ができる。同種の原子や原子団が，二重結合をはさんで同じ側にあるものを □7□ 形，反対側にあるものを □8□ 形として区別できる。

〈東北工業大〉

5 鏡像異性体

次の文章を読み，問1，2に答えよ。

乳酸の分子中には □ア□ とよばれる炭素原子が存在する。□ア□ を正四面体の中心に置いて立体構造を考えると，2種類の立体異性体が存在することがわかる。これらを互いに □イ□ という。

問1 □ア□ ，□イ□ に当てはまる最も適当な語句を記せ。

問2 □イ□ が存在するものを次の①〜⑤から1つ選べ。

① $HO-\underset{H}{\overset{H}{\underset{|}{\overset{|}{C}}}}-\underset{H}{\overset{H}{\underset{|}{\overset{|}{C}}}}-OH$　② $HO-\underset{H}{\overset{H}{\underset{|}{\overset{|}{C}}}}-\underset{H}{\overset{CH_3}{\underset{|}{\overset{|}{C}}}}-OH$　③ $\underset{H_3C}{\overset{H}{\diagdown}}C=C\underset{H}{\overset{CH_3}{\diagup}}$

④ $\underset{H_3C}{\overset{H}{\diagdown}}C=C\underset{OH}{\overset{CH_3}{\diagup}}$　⑤ ［Cl, CH₃, OH を環に持つ構造式］

6 炭化水素の分類

脂肪族炭化水素について，**問1 ～ 4**に答えよ。ただし，炭素原子数を n とする。

問1 アルカンの一般式を記せ。また，n の条件を記せ。

問2 アルカンの構造異性体は炭素原子数何個以上から存在するか。

問3 アルケンの一般式を記せ。また，n の条件を記せ。

問4 アルキンの一般式を記せ。また，n の条件を記せ。 〈東北福祉大〉

7 エチレン（エテン）の反応

右の図は，エチレン（エテン）の反応をまとめたものである。 A ～ D に対応する化合物の名称とその示性式を答えよ。

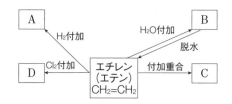

8 アセチレンの反応

次の(1)〜(4)のアセチレンの反応で得られる物質の名称を記せ。

(1) アセチレン 1 mol に水素 2 mol を付加する。

(2) アセチレンに水を付加する。

(3) アセチレンに塩化水素を付加する。

(4) アセチレンに酢酸を付加する。 〈東北福祉大〉

9 エタノールの反応

次のエタノールを中心とした反応経路図について， A ～ D に当てはまる有機化合物の示性式を示せ。

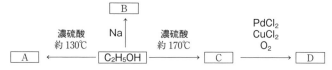

10 アルコールの酸化

次の文章中の ア ～ ウ に当てはまる化合物名を記せ。

エタノールと硫酸酸性の二クロム酸カリウム水溶液を混合して穏やかに加熱すると，エタノールは酸化されて ア になる。 ア をさらに酸化すると イ になる。一方，第二級アルコールの 2-プロパノールを酸化すると ウ になる。 〈神戸女学院大〉

11 官能基検出反応

次の文章中の ア ～ オ には最もよく当てはまる語句を，また，a ～ c には最もよく当てはまる物質の化学式と名称を記せ。

(1) フェーリング液にアルデヒドを加えて反応させると，a イオンが ア されて イ 色の b が沈殿すると同時に，ホルミル基は ウ されて エ 基になる。

(2) 水酸化ナトリウムの存在下でアセトンにヨウ素を加えると，オ 色の c が生じる。　　　　　〈工学院大〉

★ 12 カルボニル化合物

次の文章を読み，問1 ～ 3 に答えよ。

第一級アルコールを酸化すると，アルデヒドになる。例えば，ア 化合物名 からはホルムアルデヒドが，エタノールからはアセトアルデヒドが生成する。ホルミル基には還元性があるため，アンモニア性硝酸銀溶液と反応して銀を析出する。この反応は特に イ 化学用語 反応とよばれる。また，アルデヒドはフェーリング液と反応して ウ 化合物名 の赤色沈殿を生成する。アルデヒドは酸化されるとカルボン酸になる。ホルムアルデヒドを酸化すると生成するギ酸は，酸性と同時に還元性も示すカルボン酸である。

第二級アルコールを二クロム酸カリウムの硫酸酸性溶液で酸化すると，一般にケトンが生成する。ケトンはアルデヒドと異なり，還元性を示さない。炭素数が最も少ないケトンであるアセトンは，アルコールとして エ 化合物名 を用いてこれを酸化すると得られるが，酢酸カルシウムを空気を断って熱分解しても得られる。アセトンは，アセチル基をもつので，ヨードホルム反応によって検出できる。

問1 ア ～ エ に 内の指示に従って適切な語句を記せ。

問2 ギ酸の構造式を示し，還元性を示す原子団を丸(○)で囲め。

問3 アセトンの構造式を示し，アセチル基を丸(○)で囲め。　　　　〈九州産業大〉

13 カルボン酸

カルボン酸に関する次の文章中の ⎡ 1 ⎤ 〜 ⎡ 5 ⎤ に当てはまる最も適当な語句を記せ。

酢酸は刺激臭のある無色の ⎡ 1 ⎤ 体で，純粋なものは冷所では ⎡ 2 ⎤ する。酢酸に炭酸塩を加えると，二酸化炭素を発生するので，炭酸水より酸性が ⎡ 3 ⎤ 。酢酸に P_4O_{10} を加えて加熱すると，⎡ 4 ⎤ を生じる。乳酸は，ヒドロキシ基をもつカルボン酸である。乳酸分子には，ヒドロキシ基とカルボキシ基が結合する炭素を中心に，2 種の物質が存在する。これらは，物理的性質や化学的性質はほとんど同じであるが，生理作用が異なり ⎡ 5 ⎤ とよばれる。 〈名古屋学院大〉

14 ジカルボン酸

次の文章中の ⎡ 1 ⎤ 〜 ⎡ 5 ⎤ に当てはまる最も適当な語句または化学式を答えよ。

フマル酸とマレイン酸は，同一分子式 ⎡ 1 ⎤ で表される ⎡ 2 ⎤ 異性体である。加熱すると，水 1 分子がとれて環状の無水物になるのは ⎡ 3 ⎤ 形の構造をもつ ⎡ 4 ⎤ である。このような分子内 ⎡ 5 ⎤ 反応は，⎡ 3 ⎤ 形だけに起こる。 〈関東学院大〉

15 カルボン酸の反応

次の文章を読み，問 1，2 に答えよ。

カルボン酸とアルコールが縮合して生成する化合物を，エステルという。例えば，酢酸とエタノールからは，酢酸エチルが生成する。このような反応を，⎡ ア 反応の種類 ⎤ といい，硫酸などの酸が ⎡ イ 化学用語 ⎤ となる。

エステルに多量の水を加えて放置すると，徐々に加水分解して，カルボン酸とアルコールが生成する。この反応でも，硫酸などの酸が ⎡ イ ⎤ となる。また，エステルは，水酸化ナトリウムなどの強塩基と水溶液中で反応して，カルボン酸塩とアルコールを生じる。このような反応を，⎡ ウ 反応の種類 ⎤ という。

問 1 ⎡ ア ⎤ 〜 ⎡ ウ ⎤ に ⎡ ⎤ 内の指示に従って適切な語句を記せ。

問 2 酢酸とエタノールから酢酸エチルが生成する反応を化学反応式で示せ。

〈九州産業大〉

★ 16 アルコールとカルボン酸

次の文章中の ⎡ 1 ⎤ 〜 ⎡ 4 ⎤ に当てはまる最も適切な化合物を，示性式で示せ。

1-プロパノールを酸化すると，銀鏡反応を示す化合物 ⎡ 1 ⎤ が得られる。この ⎡ 1 ⎤ をさらに酸化すると，酸性を示す化合物 ⎡ 2 ⎤ が生じる。この ⎡ 2 ⎤ に，メタノールと少量の濃硫酸を加えて加熱すると，化合物 ⎡ 3 ⎤ が生成する。一方，2-プロパノールを酸化すると，⎡ 4 ⎤ が生じる。 〈千葉工業大〉

17 油脂の分類

次の文章中の ア ～ カ に当てはまる最も適当な語句を記せ。

高級脂肪酸とグリセリン $C_3H_5(OH)_3$ から生じるエステルを, ア という。 ア の中で常温において固体のものを イ といい, 液体のものを ウ という。 イ を構成している脂肪酸には エ が多く, ウ には オ が多く含まれている。 ウ にニッケルを触媒として水素を付加させると, 固体となる。このようにして生成したものを, カ という。 〈玉川大〉

18 油脂の種類

次の文章を読み, 問1～3に答えよ。

動植物の体内に存在している油脂は, ア がもつ イ つの ウ 基に, 脂肪酸が エ 結合した化合物である。天然の油脂を構成する脂肪酸はさまざまであるが, 不飽和脂肪酸を多く含む油脂は, 融点が比較的 オ く, 空気中に放置すると酸化されて カ 体になりやすいので, キ とよばれる。

問1 ア ～ キ に当てはまる語句または数値を記せ。

問2 次の①～⑤から, 飽和脂肪酸を2つ選び, 番号で答えよ。
① オレイン酸　②　パルミチン酸　③　リノール酸
④ ステアリン酸　⑤　リノレン酸

問3 次の①～⑤の油脂のうち, 構成脂肪酸に飽和脂肪酸の割合が多いものとして最も適当なものを1つ選び, 番号で答えよ。
① サフラワー油　②　ラード　③　オリーブ油　④　大豆油
⑤ ひまわり油

19 セッケン

次の文章中の 1 ～ 7 に当てはまる適切な語句を記せ。

ふつうのセッケンは高級脂肪酸の 1 であり, 水の中に入り込みやすい性質の 2 基のイオン部分と, 水と分離しやすい性質の高級炭化水素基の部分とからできている。セッケンを水に溶かすと, セッケンの脂肪酸イオンは 3 性の部分を内側に, 4 性の部分を外側にして, 水中に細かく分散する。これを 5 という。

油脂は, 水と混じらないが, セッケン水を加えると, セッケンの 3 性の部分に囲まれ, 細かい粒子になって水の中へ分散し, 一様な乳濁液になる。セッケンのこの作用を 6 という。また, セッケン水の表面では, セッケンの 4 性の部分は水中に, 3 性の部分は空気の方向に向いて並び, 水の 7 は著しく下がる。 〈東北福祉大〉

20 ベンゼンの反応

次の文章中の ア ～ オ に適切な語句や物質名を記せ。また，下線部の反応式を示せ。

ベンゼンの二重結合は，エチレンの二重結合に比べると，付加反応を起こし ア 。触媒を加えたり，光を照射したりすると，付加反応が起こる。例えば，ベンゼンに白金またはニッケルを触媒として高圧下で水素 H_2 を作用させると， イ が生成する。また， ウ を照射しながら塩素 Cl_2 を作用させると， エ が生成する。ベンゼンに鉄粉を触媒とし，塩素 Cl_2 を作用させると， オ が生成する。 〈東北福祉大〉

21 フェノールの工業的製法

次の図は，ベンゼンからフェノールを合成する 3 つの方法を示している。この図について，**問 1 ～ 5** に答えよ。

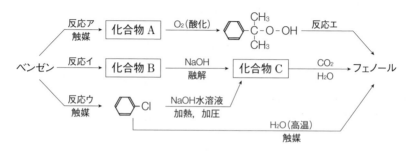

問 1 化合物 A，B，C の構造式を示せ。

問 2 反応ア，イの名称をそれぞれ次の①～⑥から選び，番号で答えよ。
① ジアゾ化 ② エステル化 ③ スルホン化
④ ニトロ化 ⑤ 塩素化 ⑥ 付加反応

問 3 反応ア～ウに最も適切な反応試薬をそれぞれ次の①～⑩から選び，番号で答えよ。
① 常温の水 ② 高温水蒸気 ③ 水酸化ナトリウム水溶液
④ 水酸化ナトリウム（固体） ⑤ 濃硫酸と濃硝酸 ⑥ 濃硫酸
⑦ プロピレン（プロペン） ⑧ 酸素 ⑨ 濃塩酸 ⑩ 塩素

問 4 反応エにより，クメンヒドロペルオキシドからフェノールが生成するときの副産物の名称を記せ。

問 5 フェノールを検出するために，フェノールに加えると紫色を呈する水溶液名を記せ。

22 サリチル酸

次の文章を読み，問1〜3に答えよ。

　フェノールを水酸化ナトリウム水溶液と中和させて得られるナトリウムフェノキシドを，高温・高圧下で二酸化炭素と反応させた後，希硫酸を作用させると，白色針状の結晶で防腐作用のある化合物　A　が得られる。化合物　A　に無水酢酸を作用させると，白色無臭の化合物　B　が得られ，化合物　A　にメタノールと濃硫酸を作用させると，　ア　されて化合物　C　が得られる。

問1　化合物　A　〜　C　に当てはまる芳香族化合物の構造式を示せ。

問2　　ア　に当てはまる適切な反応名を記せ。

問3　筋肉の炎症を抑えるための外用塗布剤（鎮痛剤）として利用されているものを，化合物　A　〜　C　から1つ選び，記号で答えよ。　　　　　　〈神戸女学院大〉

23 アニリンの反応

アニリンの性質と反応に関する次の文章を読み，**問1〜3**に答えよ。

①　アニリンにさらし粉の水溶液を加えると，（a：酸化，還元）されて　ア　色になる。

②　アニリンに水を加えると，アニリンは水と分離して下層にくるが，塩酸を加えると，　A　を生じて溶ける。

③　アニリンに無水酢酸を作用させると，　イ　化が起こり，アミド結合をもつ　B　を生じる。

④　アニリンの塩酸溶液に亜硝酸ナトリウムを加えると，　ウ　化が起こり，　C　が生じる。さらにナトリウムフェノキシド（フェノールを水酸化ナトリウム水溶液に溶かした溶液）を加えると，　D　を生じる。この反応を　エ　という。

問1　(a)に適する語句を選択肢より選べ。

問2　　ア　〜　エ　に適する語句をそれぞれ記せ。

問3　　A　〜　D　に適する物質名をそれぞれ記せ。　　　　　　〈愛知学院大〉

★ 24 芳香族化合物の分離

　右の図は，アニリン，安息香酸，フェノール，トルエンのジエチルエーテル混合溶液の分離の様子を示している。　A　〜　C　に分離されるものの化合物名を記せ。　〈金城学院大〉

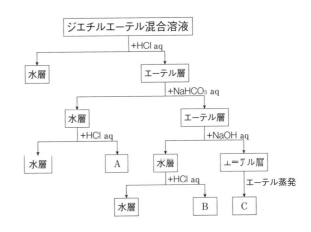

第8章 高分子化合物

1 糖類

解答 ▶ 別冊100頁

1 グルコース

次の文章を読み，**問1**，**2**に答えよ。

単糖のグルコースは，水溶液中で次式のような平衡状態にあり，3種類の構造が共存している。Aは ア － グルコースとよばれ，不斉炭素原子が イ 個存在する。

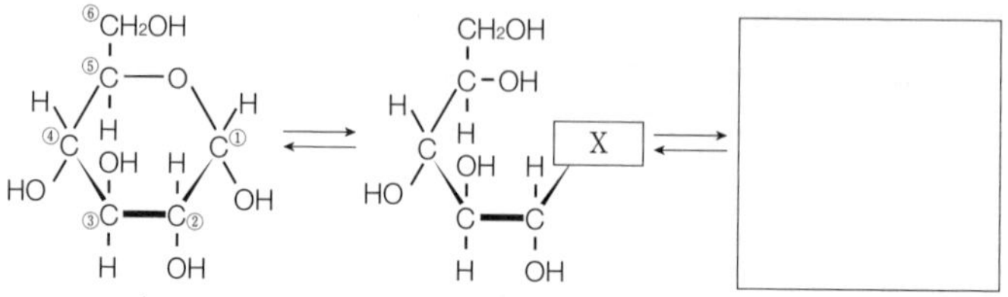

CはAの立体異性体である。Bは ウ 基をもつため，アンモニア性硝酸銀水溶液中の銀イオンを エ し，銀が析出する(銀鏡反応)。この反応でBの ウ 基は オ 基に変化する。

問1 ア ～ オ に最もよく当てはまる語句または数字を記せ。
問2 構造式BのXの部分は ウ 基である。Xの部分の式を補って，構造式Bを示せ。同様に，Aの表記法にならって構造式Cを示せ。 〈工学院大〉

2 単糖・二糖

次の文章中の ア ～ キ に当てはまる語句または分子式を記せ。

生体内でエネルギー源として重要な役割を果たしている ア は，ブドウ糖ともよばれ，分子式は イ で表される。 ア は，工業的には酸を触媒としてデンプンを加水分解することによりつくられる。また，果実やハチミツに豊富に含まれている ウ は，果糖ともよばれ，分子式は ア と同じ イ で表される。ブドウ糖や果糖のように，それ以上加水分解されない糖を エ という。

一方，2分子の エ が オ したものは二糖とよばれ，水あめや麦芽の成分である カ や，牛乳や母乳の成分の一つである キ が代表例である。 〈大阪工業大〉

58

3　デンプン

次の文章中の　1　～　7　に当てはまる最も適当な語句を記せ。

デンプンは，単糖である　1　が脱水縮合して多数結びついた構造をもつ多糖であり，植物の種子や根，果実などに含まれている。デンプンは植物体内ではデンプン粒をつくり，水に可溶な直鎖構造をもつ　2　と水に不溶な枝分かれ構造をもつ　3　との混合物である。デンプンは体内で酵素　4　の作用により二糖である　5　に加水分解され，続いて　6　の作用で　1　に加水分解される。その後，小腸で吸収されエネルギー源となるほか，再び縮合重合して　7　になり体内に貯蔵される。

〈中部大〉

4　セルロース

次の文章を読み，問1，2に答えよ。

植物の細胞壁を構成するセルロースは，デンプンと同じように一般式$(C_a H_b O_c)_n$で表される高分子であるが，その構造はデンプンとは異なる。デンプンは多数の　1　が縮合した構造をもつ高分子であり，分子内の水素結合によりらせん構造をとっているので　2　溶液により呈色する。一方，セルロースは　3　が縮合した構造をもつ直鎖状の高分子であり，分子間に多数の水素結合をもち，らせん構造ではないので　2　溶液により呈色しない。

セルロースに濃硝酸と濃硫酸の混合溶液を加えて反応させると，セルロース分子中の　4　基が　5　化されて，火薬の原料である　6　になる。

問1　一般式中の　a　～　c　に該当する数字を記せ。

問2　1　～　6　に適する語句をそれぞれ記せ。　　〈摂南大〉

5　糖類の種類

次の(イ)～(ニ)の説明に当てはまる糖類を下の@～⑪からすべて選び，記号で答えよ。

(イ)　分子式が$C_6H_{12}O_6$であるもの。

(ロ)　二糖でありかつフェーリング液を還元するもの。

(ハ)　ヨウ素デンプン反応を示すもの。

(ニ)　多糖であるもの。

@ セルロース　　ⓑ セロビオース　　ⓒ マルトース　　ⓓ グルコース

ⓔ スクロース　　ⓕ グリコーゲン　　ⓖ ラクトース　　ⓗ アミロペクチン

ⓘ フルクトース　　ⓙ アミロース　　ⓚ ガラクトース　　〈東洋大〉

2 アミノ酸・タンパク質

解答 ● 別冊 104 頁

6 アミノ酸

次の文章中の ☐1 ～ ☐5 に該当する語句を記せ。

アミノ酸とは，分子内に塩基としての性質をもつ ☐1 基と，酸としての性質をもつ ☐2 基をもつ物質の総称である。アミノ酸は，中性に近い水溶液中では ☐3 イオンの形をとっている。タンパク質を構成する α – アミノ酸は，☐4 を除き ☐5 原子をもっているので，鏡像異性体が存在する。 〈摂南大〉

7 アミノ酸の電離

次の文章を読み，問1，2に答えよ。

アミノ酸は水溶液中では，その pH により双性イオン，陽イオン，陰イオンの割合が変化する。

問1 アミノ酸水溶液に電極を浸して直流電流を流したとき，アミノ酸がどちらの極へも移動しない場合の pH を何とよぶか。

問2 アミノ酸が酸性水溶液中に溶解しているとき，最も多く存在するイオンを次の①～③から1つ選び，番号で答えよ。

〈広島工業大〉

8 タンパク質

次の文章を読み，問1，2に答えよ。

タンパク質は生体を構成する最も重要な物質の一つであり，多数の α –アミノ酸が ☐1 結合してできた構造を基本とする。タンパク質を構成する α –アミノ酸は約 ☐2 種類存在し，これらのアミノ酸の配列順序がタンパク質の性質に大きな影響を与える。

問1 文章中の ☐1 ，☐2 に入れるのに最も適当な語句あるいは数値を記せ。

問2 下線部について，3種類のアミノ酸，グリシン，アラニンおよびバリン各1分子が ☐1 結合により鎖状につながっている分子には，アミノ酸配列が異なる構造異性体が ☐3 種類存在する。☐3 に入れるのに最も適当な数値を記せ。 〈中部大〉

9 タンパク質の構造

次の文章中の ア ～ オ に入る語句を記せ。

タンパク質は，グリシンなどの α-アミノ酸が縮合重合した高分子化合物である。この α-アミノ酸の配列を，そのタンパク質の ア 構造とよぶ。タンパク質の分子は，長大な鎖状構造であり， イ とよばれるらせん状や ウ とよばれる平面状に折りたたまれた二次構造をとっている。二次構造は，主にペプチド結合間にはたらく エ 結合によって生じる構造である。

タンパク質は，加熱したり酸・塩基を加えるなどすると固化して元に戻らなくなる。これをタンパク質の オ とよぶ。これはタンパク質の二次構造が変化するためである。

10 タンパク質の呈色反応

次の文章中の 1 ～ 6 に当てはまる最も適当な語句を記せ。

タンパク質水溶液に 1 を加えて熱すると，ベンゼン環をもつアミノ酸成分が 2 化されて 3 色になる呈色反応を， 4 反応という。また，タンパク質水溶液に水酸化ナトリウム水溶液と硫酸銅(Ⅱ)水溶液を加えると，銅の錯体が生成され 5 色を示す。これは， 6 反応とよばれる。 〈関東学院大〉

11 酵素

次の文章中の 1 ～ 7 に最もよく当てはまる語句を記せ。

デンプンは，生体内で 1 により加水分解されマルトースとなり，さらにマルターゼにより 2 まで分解される。このように，生体内の化学反応に対して触媒としてはたらく物質を，総称して酵素とよぶ。タンパク質や脂質を分解する酵素もあり，タンパク質は分解されて 3 となり，脂質はモノグリセドと 4 に分解される。多くの酵素反応は，体温付近の温度で，中性付近の pH という穏和な条件下で短時間に反応が進む。酵素の触媒作用は，極めて選択的であり，特定の化学反応にしか触媒作用を示さない。このような性質を，酵素の 5 という。また，一般的な化学反応では，温度が高いほど反応速度が大きいが，酵素反応においては，ある温度以上になると反応速度は小さくなる。反応速度が最大になる温度を 6 とよぶ。また，酵素反応は pH の影響も受け，反応速度が最大になる pH を 7 という。 〈工学院大〉

第8章 高分子化合物

12 ポリエステル

次の文章中の ☐1☐ ～ ☐6☐ に当てはまる最も適切な語句を記せ。

ポリエチレンのように，2つ以上のエチレン分子が結合して高分子を生じる反応を，☐1☐ という。このような反応に用いられる分子量の小さい原料は ☐2☐ で，生じた高分子は ☐3☐ とよばれる。テレフタル酸と ☐4☐ を ☐5☐ させると，エステル結合を多数もつ ☐6☐ が生成し，この物質は合成繊維や合成樹脂として用いられる。

〈大妻女子大〉

13 ポリアミド

次の文章中の ☐ア☐ ～ ☐オ☐ に当てはまる語句を記せ。

ナイロンは，合成高分子であり，分子中の結合にちなんで一般に ☐ア☐ とよばれる。靴下などに利用されるナイロン 66 は， ☐イ☐ とヘキサメチレンジアミンとの ☐ウ☐ 重合で得られる。一方，ナイロン 6 は， ☐エ☐ に少量の水を加えて加熱する ☐オ☐ 重合により得られる。

〈工学院大〉

14 ビニロンの合成

次の文章中の ☐1☐ ～ ☐3☐ に当てはまる最も適当な語句を記せ。

ビニロンは，酢酸ビニルの重合により生成した ☐1☐ を水酸化ナトリウム水溶液で ☐2☐ して合成した ☐3☐ を，アセタール化して水に溶けないようにしたものである。

〈関東学院大〉

15 ビニロンの構造

ビニロンの単位構造として最も適当なものを，次のⒶ～Ⓔから1つ選び，記号で答えよ。

Ⓐ -CO-(CH$_2$)$_4$-CO-NH-(CH$_2$)$_6$-NH-

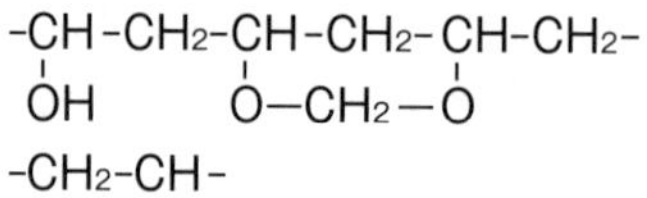

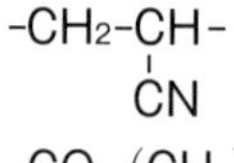

Ⓑ -CH-CH$_2$-CH-CH$_2$-CH-CH$_2$-
　　 OH　　　 O-CH$_2$-O

Ⓒ -CH$_2$-CH-
　　　　　 CN

Ⓓ -CO-(CH$_2$)$_5$-NH-

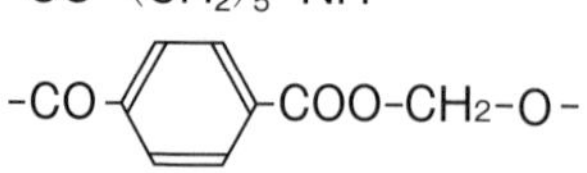

Ⓔ -CO⟨⟩-COO-CH$_2$-O-

〈神戸学院大〉

16 合成樹脂の種類

次の文章を読み，問1，2に答えよ。

合成樹脂は，熱や圧力を加えることによって，目的とする形に成形することができる。エチレンを ア 重合させてつくられるポリエチレンは，(a)熱を加えると軟らかくなり，冷やすと硬くなる性質をもっている。この性質をもつものを イ 樹脂とよぶ。一方，ホルムアルデヒドとフェノールの反応でつくられるフェノール樹脂は，(b)熱を加えると硬くなる性質をもっている。この性質をもつものを ウ 樹脂とよぶ。

問1 ア ～ ウ に入る最も適切な語句を記せ。

問2 次に示す①〜④の物質は，下線部(a)または下線部(b)のいずれの性質に該当するか。(a)または(b)の記号で記せ。

① 尿素樹脂 ② ポリ塩化ビニル

③ ポリエチレンテレフタラート ④ ポリプロピレン 〈広島工業大〉

17 イオン交換樹脂

次の文章中の 1 ～ 7 に当てはまる最も適当な語句を記せ。

スルホ基 $-SO_3H$ などの 1 性の基を多くもっている合成樹脂は，水溶液中で 2 とほかの陽イオンを交換する。このようなはたらきをもつ合成樹脂を 3 という。また，$-N^+(CH_3)_3OH^-$ のような 4 性の原子団を多くもっている合成樹脂は，水溶液中で 5 とほかの陰イオンを交換する。このようなはたらきをもつ合成樹脂を 6 という。 3 を管に詰め，塩化ナトリウム水溶液を通すと， 2 と Na^+ が交換され， 7 の水溶液となって出てくる。 〈関東学院大〉

18 ゴム

次の文章中の 1 ～ 4 に当てはまる最も適当な語句を記せ。

ゴムノキの樹皮に切り傷をつけると，ラテックスが流れ出てくる。これを集めて酢酸を加えると，凝固して生ゴムになる。これが天然ゴムである。天然ゴムは，主成分は 1 であり， 2 形の構造をもつ。生ゴムに硫黄を加えて加熱することにより，弾性の高いゴムをつくることができる。このような操作を 3 という。 1 の単量体に似た構造をもつ単量体を重合させると，天然ゴムに似た性質の合成ゴムが得られる。合成ゴムであるブタジエンゴムやクロロプレンゴムは，それぞれの単量体を 4 させることによってつくられる。 〈関東学院大〉

〔大学入試 全レベル問題集 化学［化学基礎・化学］① 改訂版〕西村淳矢

別冊 解答

大学入試 全レベル問題集

化　学

［化学基礎・化学］

1 基礎レベル

改訂版

Obunsha

目　次

1　原子の構造・周期律・結合

1　1：原子核　　2：電子　　3：陽子　　4：中性子　　5：質量数
　　6：a　　7：a　　8：$b-a$　　9：同位体　　10：同素体

解説　6〜8：${}_a^b\mathrm{E}$ は原子番号 a，質量数 b である。陽子数と電子数は原子番号と等しいため $\underline{a}_{6,7}$，中性子数は，（質量数）－（陽子数）で求められるため $\underline{b-a}_8$ となる。

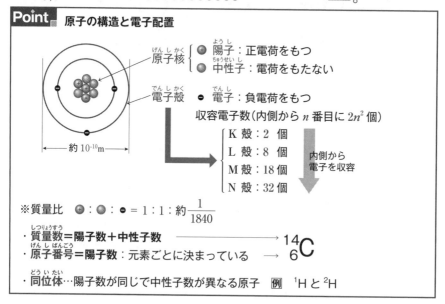

Point **原子の構造と電子配置**

原子核
　⊕ 陽子：正電荷をもつ
　● 中性子：電荷をもたない

電子殻
　⊖ 電子：負電荷をもつ

収容電子数（内側から n 番目に $2n^2$ 個）

- K 殻：2 個
- L 殻：8 個
- M 殻：18 個
- N 殻：32 個

内側から電子を収容

←約 10^{-10}m→

※質量比　⊕：●：⊖ $= 1:1:$約$\dfrac{1}{1840}$

・**質量数＝陽子数＋中性子数** ⟶ ${}^{14}_{6}\mathrm{C}$
・**原子番号＝陽子数**：元素ごとに決まっている ⟶
・**同位体**…陽子数が同じで中性子数が異なる原子　**例** ${}^1\mathrm{H}$ と ${}^2\mathrm{H}$

2　a：K　　b：L　　c：M　　d：N　　e：$2n^2$　　f：閉殻
　　g：最外殻電子　　h：価電子　　i：貴ガス　　j：0

解説　g〜j：最も外側の電子殻に存在する電子を最外殻電子$_g$ といい，それが1〜7個の場合は最外殻電子が結合や反応に関与するため価電子$_h$とよばれる。ただし，18族の貴ガス$_i$ の場合，最外殻電子は結合や反応に関与しないため価電子数は$\underline{0}_j$ となる。

Point｜価電子

- **最外殻電子**…最も外側の電子殻に存在する電子
- **価電子**…反応や結合に関与する電子

注意 18族(貴ガス)元素を除き，**最外殻電子＝価電子** となり，18族(貴ガス)元素は価電子数0となる。

例 $_{11}$Na ➡ 電子配置 $K^2L^8M^1$ ➡ 最外殻電子数1，価電子数1
$_{18}$Ar ➡ 電子配置 $K^2L^8M^8$ ➡ 最外殻電子数8，価電子数0

3 ア：13　イ：典型　ウ：遷移　エ：アルカリ　オ：アルカリ土類
カ：ハロゲン　キ：陽　ク：金属　ケ：自由

解説 キ〜ケ：遷移元素はすべて金属元素$_ク$であるため，陽イオン$_キ$になりやすい。また，金属元素は価電子を自由電子$_ケ$とし，すべての原子間に共有することで金属結合する。

Point｜元素の周期表

- **元素の周期表** ➡ 1869年，ロシアのメンデレーエフにより初めて作成された。

注意 はじめは原子番号順ではなく，**原子量の順**に並べられていた。

4 ア：最外殻　イ：(第一)イオン化エネルギー　ウ：電子親和力
a：Li　b：Ne　c：F

解説 イオン化エネルギー$_イ$は，同周期の元素では，原子番号の最も大きい貴ガスが最大で，原子番号の最も小さいアルカリ金属が最小となる。よって，第2周期の元素では，貴ガスであるNe$_b$が最大，アルカリ金属であるLi$_a$が最小となる。
また，電子親和力$_ウ$は，同周期の元素では，最も陰イオンになりやすいハロゲンが最大である。よって，第2周期の元素では，ハロゲンであるF$_c$が最大となる。

イオン化エネルギーと電子親和力

- **イオン化エネルギー**…1価の陽イオンになるときに，吸収するエネルギー

  傾向 **小さい値の元素ほど，陽イオンになりやすい**　　最大元素：He

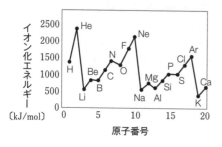

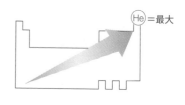

- **電子親和力**…1価の陰イオンになるときに，放出するエネルギー

  傾向 **大きい値の元素ほど，陰イオンになりやすい**　　最大元素：Cl

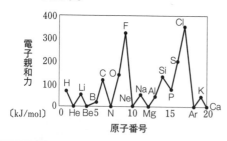

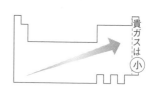

5　1：ネオン　　　2：2　　　3：アルゴン　　　4：アルゴン　　　5：8
　　6：通さない　　　7：通す

解説　1：ナトリウム Na は電子配置が $K^2L^8M^1$ であり，1個の価電子を放出することで，ネオン Ne $_1$ と同じ電子配置(K^2L^8)をもつ Na^+ となる。

2，3：カルシウム Ca は電子配置が $K^2L^8M^8N^2$ であり，2 $_2$ 個の価電子を放出することで，アルゴン Ar $_3$ と同じ電子配置($K^2L^8M^8$)をもつ Ca^{2+} となる。

4，5：塩素 Cl は電子配置が $K^2L^8M^7$ であり，1個の価電子を受け取ることで，アルゴン Ar $_4$ と同じ電子配置($K^2L^8M^8$ 5)をもつ Cl^- となる。

6，7：イオン結晶は，固体状態ではイオンが移動できないため電気を通さない $_6$ が，水溶液や融解液にするとイオンが移動できるようになるため電気を通す $_7$。

解説 問2 価電子の数を考え，各原子の周りに電子が8個になるように（Hは2個）分子を組み立てればよい。

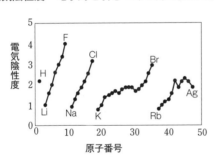

(1) ·Ö· + ·C· + ·Ö· ⟶ Ö::C::Ö

(2) :N· + ·N: ⟶ :N⋮⋮N:

(3) H· + ·C· + ·N: ⟶ H:C⋮⋮N:

問3 貴ガスを除き、周期表の左側にある元素ほど，電気陰性度が小さい。

Point **電気陰性度と分子の形・極性**

• 電気陰性度（でんきいんせいど）…電子対を引きつける力の強さを数値化したもの 最大元素：F

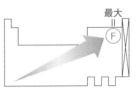

• 極性（きょくせい）…電気陰性度の異なる原子間の共有結合に生じる電荷のかたより

• 極性分子…分子全体として電荷のかたよりをもつ
  例 H_2O（折れ線形），NH_3（三角すい形），HCl（直線形） など

• 無極性分子（むきょくせいぶんし）…分子全体として電荷のかたよりをもたない
  例 H_2（直線形），CO_2（直線形），CH_4（正四面体形） など

1 物質量・反応量・濃度

1 32

解説 酸素の分子式は O_2 なので，分子量は，$\underset{\text{Oの原子量 2個}}{16\times 2}=32$

> **Point** 分子量と式量
> - **分子量**…分子式を構成する原子量の総和
> - **式量**…組成式を構成する原子量の総和

2 Na_2CO_3：106　　$Na_2CO_3 \cdot 10H_2O$：286

解説 Na_2CO_3 の式量は，$\underset{\text{Na 2個 C O 3個}}{23\times 2+12+16\times 3}=106$

$Na_2CO_3 \cdot 10H_2O$ の式量は，$\underset{Na_2CO_3}{23\times 2+12+16\times 3}+\underset{10個}{10}\times \underset{H_2O}{(1.0\times 2+16)}=286$

3 10.8

解説 B の原子量は，

$\underset{^{10}B}{\overset{\text{相対質量　割合}}{10\times \dfrac{20}{100}}}+\underset{^{11}B}{11\times \dfrac{80}{100}}$

$=10.8$

> **Point** 原子量の求め方
> - **原子量**…$^{12}C=12$ としたときの相対質量の，同位体の平均値
>   ➡（相対質量）×（割合）の総和　で求められる

4 0.25 mol　　1.5×10^{23} 個

解説 酸素の物質量は，

$\dfrac{5.6(L)}{22.4(L/mol)}$

$=0.25(mol)$

分子数は，

$0.25(mol)\times 6.0\times 10^{23}(個/mol)$

$=1.5\times 10^{23}(個)$

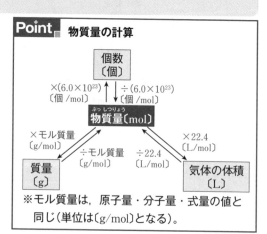

> **Point** 物質量の計算
> ※モル質量は，原子量・分子量・式量の値と同じ（単位は〔g/mol〕となる）。

5 問1 0.20 mol 問2 3.6 mol 問3 2.4×10^{23} 個 問4 7.2 g

解説 問1 ステアリン酸の分子量は,

$$12 \times 17 + 1.0 \times 35 + 12 + 16 + 16 + 1.0 = 284$$

ステアリン酸の物質量は,

$$\frac{56.8 \text{[g]}}{284 \text{[g/mol]}} = 0.20 \text{[mol]}$$

問2 ステアリン酸1分子に炭素原子が18個存在するため,炭素原子の物質量は,

$\underset{\underset{\text{C}_{17}\text{H}_{35}\text{COOH}}{\overline{}}}{}$

$$0.20 \text{[mol]} \times 18 = 3.6 \text{[mol]}$$

問3 ステアリン酸1分子に酸素原子が2個存在するため,酸素原子の数は,

$$0.20 \text{[mol]} \times 2 \times 6.0 \times 10^{23} \text{[個/mol]} = 2.4 \times 10^{23} \text{[個]}$$

問4 ステアリン酸1分子に水素原子が36個存在するため,水素原子の質量は,

$$0.20 \text{[mol]} \times 36 \times 1.0 \text{[g/mol]} = 7.2 \text{[g]}$$

6 3.4 g

解説 $\dfrac{4.48 \text{[L]}}{22.4 \text{[L/mol]}} \times 17 \text{[g/mol]} = 3.4 \text{[g]}$

$\text{NH}_3 \text{[mol]}$

7 ④

解説 この気体の分子量を M とおく。

$$\frac{0.112 \text{[L]}}{22.4 \text{[L/mol]}} = \frac{0.22 \text{[g]}}{M \text{[g/mol]}} \qquad M = 44$$

分子量が44の気体は二酸化炭素 CO_2 である。

8 $a = 4$ $b = 5$ $c = 4$ $d = 6$

解説 NH_3 の係数を1として,両辺の原子数が等しくなると考えると,

②Hの数をそろえる

①Nの数をそろえる

$$1\text{NH}_3 + \frac{5}{4} \text{O}_2 \longrightarrow 1\text{NO} + \frac{3}{2} \text{H}_2\text{O}$$

③Oの数をそろえる

$$1 + \frac{3}{2} = \frac{5}{2}$$

全体を4倍すると, $\underset{a}{4}\text{NH}_3 + \underset{b}{5}\text{O}_2 \longrightarrow \underset{c}{4}\text{NO} + \underset{d}{6}\text{H}_2\text{O}$

解説 窒素と水素の反応は,

$$N_2 + 3H_2 \longrightarrow 2NH_3$$

$\frac{1}{2}$ 倍

生成したアンモニアは,

$NH_3 = 17$ より,

$$\frac{6.8〔g〕}{17〔g/mol〕} = 0.40〔mol〕$$

反応した窒素は,

係数比

$$0.40〔mol〕× \frac{1}{2} \times 22.4〔L/mol〕= 4.48 ≒ \underline{4.5〔L〕}$$

$N_2〔mol〕←$

Point 化学反応の量的関係

化学反応の反応量〔mol〕は, 化学反応式の係数に比例する。

例 $2C_2H_6 + 7O_2 \longrightarrow 4CO_2 + 6H_2O$
　　0.4 mol　1.4 mol　　　0.8 mol　1.2 mol

（ 2 ： 7 ： 4 ： 6 ）

解説 エタンが完全燃焼する反応の化学反応式は,

$$2C_2H_6 + 7O_2 \longrightarrow 4CO_2 + 6H_2O$$
2.0 mol　　　　　　　　　　　2.0×3 mol

また, プロパンが完全燃焼する反応の化学反応式は,

$$C_3H_8 + 5O_2 \longrightarrow 3CO_2 + 4H_2O$$
1.5 mol　　　　　　　　　1.5×4 mol

生成する水の物質量は,

$$2.0 × 3 + 1.5 × 4 = \underline{12〔mol〕}$$

解説 酢酸 CH_3COOH の分子量は, $12 + 1.0 × 3 + 12 + 16 + 16 + 1.0 = 60$

この溶液のモル濃度は,

$$\frac{\dfrac{1.2〔g〕}{60〔g/mol〕}}{0.500〔L〕} = \underline{0.040〔mol/L〕}$$

Point 濃度の定義

① 質量パーセント濃度〔%〕 $= \dfrac{溶質の質量〔g〕}{溶液の質量〔g〕} × 100$

② モル濃度〔mol/L〕 $= \dfrac{溶質の物質量〔mol〕}{溶液の体積〔L〕}$

③ 質量モル濃度〔mol/kg〕 $= \dfrac{溶質の物質量〔mol〕}{溶媒の質量〔kg〕}$

12 0.32 g

解説 水酸化ナトリウム NaOH の式量は，$23+16+1.0=40$

この溶液中に含まれる水酸化ナトリウムは，

$$0.40\,[\text{mol/L}]\times\underbrace{\frac{20}{1000}[\text{L}]}_{[\text{mol}]}\times 40\,[\text{g/mol}]=\underline{0.32\,[\text{g}]}$$

13 問1 540 g 問2 27.0 g 問3 0.300 mol/L

解説 問1 溶液の質量は，

$$1.08\,[\text{g/mL}]\times 500\,[\text{mL}]=\underline{540\,[\text{g}]}$$

注 $[\text{cm}^3]=[\text{mL}]$

問2 溶質の質量は，

$$540\,[\text{g}]\times\frac{5.00}{100}=\underline{27.0\,[\text{g}]}$$

問3 グルコースの分子量は，

$$12\times 6+1.0\times 12+16\times 6=180$$

この溶液のモル濃度は，

$$\frac{\dfrac{27.0\,[\text{g}]}{180\,[\text{g/mol}]}}{0.500\,[\text{L}]}=\underline{0.300\,[\text{mol/L}]}$$

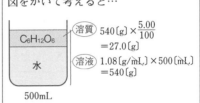

図をかいて考えると…

溶質 $540\,[\text{g}]\times\dfrac{5.00}{100}$ $=27.0\,[\text{g}]$

溶液 $1.08\,[\text{g/mL}]\times 500\,[\text{mL}]$ $=540\,[\text{g}]$

$C_6H_{12}O_6$ 水 500mL

14 8.3 mol/L

解説 溶液 $1\,\text{L}\,(=1000\,\text{mL})$ を考える。←濃度の単位を変えるときは，1 L とおいて考える。

溶液の質量は，

$$0.95\,[\text{g/mL}]\times 1000\,[\text{mL}]=950\,[\text{g}]$$

溶質（エタノール）の質量は，

$$950\,[\text{g}]\times\frac{40}{100}=380\,[\text{g}]$$

エタノール C_2H_6O の分子量は，

$12\times 2+1.0\times 6+16=46$ である。

この溶液のモル濃度は，

$$\frac{\dfrac{380\,[\text{g}]}{46\,[\text{g/mol}]}}{1\,[\text{L}]}=8.26\fallingdotseq\underline{8.3\,[\text{mol/L}]}$$

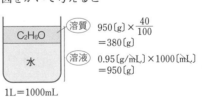

図をかいて考えると…

溶質 $950\,[\text{g}]\times\dfrac{40}{100}$ $=380\,[\text{g}]$

溶液 $0.95\,[\text{g/mL}]\times 1000\,[\text{mL}]$ $=950\,[\text{g}]$

C_2H_6O 水 1L=1000mL

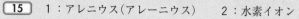

15　1：アレニウス(アレーニウス)　　2：水素イオン
　　　3：水酸化物イオン　　4：ブレンステッド(・ローリー)　　5：酸　　6：塩基

解説 酸・塩基の定義を覚えておけばよい。

Point　酸・塩基の定義

①アレニウスの定義
- **酸**……水に溶けて電離して水素イオン(H^+)を生じる物質
- **塩基**…水に溶けて電離して水酸化物イオン(OH^-)を生じる物質

②ブレンステッド(・ローリー)の定義
- **酸**……水素イオン(H^+)を与える物質
- **塩基**…水素イオン(H^+)を受け取る物質

16　③

解説 酸・塩基の種類を覚えておけばよい。

Point　酸・塩基の種類

- **強酸**…水溶液中でほとんど電離する酸

例　塩酸　$\underset{0.1\,mol/L}{HCl} \longrightarrow \underset{0.1\,mol/L}{H^+} + Cl^-$　➡　電離度 $\alpha = \dfrac{\overset{H^+ \text{ の mol}}{\boxed{0.1\,(mol/L)}}}{\underset{HCl \text{ の mol}}{\boxed{0.1\,(mol/L)}}} = 1$

- **弱酸**…水溶液中でほとんど電離しない酸

例　酢酸　$\underset{0.1\,mol/L}{CH_3COOH} \rightleftharpoons \underset{0.001\,mol/L}{H^+} + CH_3COO^-$　➡　電離度 $\alpha = \dfrac{0.001\,(mol/L)}{0.1\,(mol/L)} = 0.01$

- **酸(・塩基)の価数**…電離して生じることのできる $H^+(OH^-)$ の数
- **酸・塩基の種類**

種類 価数	強酸	弱酸	強塩基	弱塩基
1価	HCl(塩酸) HNO_3(硝酸)	CH_3COOH(酢酸)	$NaOH$ (水酸化ナトリウム) KOH (水酸化カリウム)	NH_3(アンモニア)
2価	H_2SO_4(硫酸)	$H_2C_2O_4$(シュウ酸) H_2CO_3(炭酸) H_2S(硫化水素)	$Ca(OH)_2$ (水酸化カルシウム) $Ba(OH)_2$ (水酸化バリウム)	$Mg(OH)_2$ (水酸化マグネシウム) $Cu(OH)_2$ (水酸化銅(Ⅱ))
3価		H_3PO_4(リン酸)		

[17] ⓑとⓓ

解説 ⓐ K_2CO_3 中の CO_3^{2-} は H^+ を受け取り HCO_3^-($KHCO_3$)に変化しているため塩基として作用している。

ⓑ HSO_3^- は H^+ を与え SO_3^{2-} に変化しているため酸として作用している。

ⓒ HCO_3^- は H^+ を受け取り H_2CO_3 に変化しているため塩基として作用している。

ⓓ $NH_4Cl \longrightarrow NH_4^+ + Cl^-$ として考える。

　HCl は H^+ を与え Cl^- に変化しているため酸として作用している。

ⓔ CH_3COO^- は H^+ を受け取り CH_3COOH に変化しているため塩基として作用している。

---

[18] (1) $2HCl + Ca(OH)_2 \longrightarrow CaCl_2 + 2H_2O$, 塩化カルシウム
(2) $H_2SO_4 + 2NaOH \longrightarrow Na_2SO_4 + 2H_2O$, 硫酸ナトリウム
(3) $2HNO_3 + Ba(OH)_2 \longrightarrow Ba(NO_3)_2 + 2H_2O$, 硝酸バリウム

解説 中和反応では，酸の H^+ と塩基の OH^- の数が等しくなるように係数をつける。

(1) $\underset{(H^+, \ Cl^-)\times 2}{2HCl} + \underset{(Ca^{2+}, \ OH^-\times 2)}{Ca(OH)_2} \longrightarrow \underset{(Ca^{2+}, \ Cl^-\times 2)}{CaCl_2} + \underset{(H^+, \ OH^-)\times 2}{2H_2O}$

(2) $\underset{(H^+\times 2, \ SO_4^{2-})}{H_2SO_4} + \underset{(Na^+, \ OH^-)\times 2}{2NaOH} \longrightarrow \underset{(Na^+\times 2, \ SO_4^{2-})}{Na_2SO_4} + \underset{(H^+, \ OH^-)\times 2}{2H_2O}$

(3) $\underset{(H^+, \ NO_3^-)\times 2}{2HNO_3} + \underset{(Ba^{2+}, \ OH^-\times 2)}{Ba(OH)_2} \longrightarrow \underset{(Ba^{2+}, \ NO_3^-\times 2)}{Ba(NO_3)_2} + \underset{(H^+, \ OH^-)\times 2}{2H_2O}$

---

[19] 酸性塩：㋐, ㋑　　塩基性塩：㋔　　正塩：㋒, ㋓, ㋕

解説 ・炭酸水素ナトリウム $NaHCO_3$ と硫酸水素ナトリウム $NaHSO_4$ は酸の H^+ が残っているため酸性塩である。

・塩化水酸化マグネシウム $MgCl(OH)$ は塩基の OH^- が残っているため塩基性塩である。

・塩化アンモニウム NH_4Cl，塩化カルシウム $CaCl_2$，酢酸ナトリウム CH_3COONa は酸の H^+ も塩基の OH^- も残っていないため正塩である。

Point 塩の分類
- 酸性塩…酸の水素イオン H^+ が残っている塩　例　$NaHCO_3$, $NaHSO_4$
- 塩基性塩…塩基の水酸化物イオン OH^- が残っている塩　例　$CaCl(OH)$
- 正塩…酸の H^+ も塩基の OH^- も残っていない塩　例　Na_2SO_4, $CaCl_2$
　➡酸と塩基が過不足なく中和したときに生じる塩が正塩である。

20 ⓑ, ⓒ

解説 ⓐ 塩化ナトリウム NaCl は，強酸の塩酸 HCl と強塩基の水酸化ナトリウム NaOH が中和してできた塩であるため，その水溶液は中性を示す。

ⓑ, ⓒ 炭酸ナトリウム Na_2CO_3 および炭酸水素ナトリウム $NaHCO_3$ は，弱酸の炭酸 H_2CO_3 と強塩基の水酸化ナトリウム NaOH が中和してできた塩であるため，その水溶液は塩基性を示す。

Point 塩の水溶液の液性

考え方 塩の水溶液の液性は，もとの**酸**，**塩基**のうち，強いほうの性質を示す。

例 酢酸ナトリウム CH_3COONa 水溶液

中和する前の酸，塩基を考えると，

$$CH_3COONa \ ⇒ \ CH_3COOH \ + \ NaOH$$
弱酸　　　　　強塩基 ⇒ 塩基性

弱酸の酢酸 CH_3COOH と**強塩基**の水酸化ナトリウム NaOH が中和してできた塩であるため，酢酸ナトリウム CH_3COONa 水溶液は，**塩基性**を示す。

注意 **硫酸水素ナトリウム $NaHSO_4$** の水溶液は，この考え方が当てはまらず，酸性を示す。

---

21 ④

解説 (a) 硫酸ナトリウム Na_2SO_4 は，強酸の硫酸 H_2SO_4 と強塩基の水酸化ナトリウム NaOH が中和してできた塩であるため，その水溶液は中性を示す。

(b) 硫酸アンモニウム $(NH_4)_2SO_4$ は，強酸の硫酸 H_2SO_4 と弱塩基のアンモニア NH_3 が中和してできた塩であるため，その水溶液は酸性を示す。

(c) アンモニア NH_3 は弱塩基である。

---

22 (1) 2　(2) 12　(3) 11　(4) 11

解説 (1) 塩酸は1価の強酸であるため，水素イオン濃度は，
$[H^+] = 0.010 = 1.0 \times 10^{-2}$〔mol/L〕となる。よって，pH は 2 となる。

$$\underline{HCl} \longrightarrow \underline{H^+} + Cl^-$$
0.010 mol/L　　0.010 mol/L

(2) 水酸化ナトリウムは1価の強塩基であるため，水酸化物イオン濃度は，
$[OH^-] = 0.010 = 1.0 \times 10^{-2}$〔mol/L〕となる。

$$\underline{NaOH} \longrightarrow Na^+ + \underline{OH^-}$$
0.010 mol/L　　　　0.010 mol/L

また，水のイオン積（$[H^+][OH^-] = 1.0 \times 10^{-14}$）より，水素イオン濃度は，

$$[\mathrm{H^+}] = \frac{1.0 \times 10^{-14}}{[\mathrm{OH^-}]} = \frac{1.0 \times 10^{-14}}{1.0 \times 10^{-2}} = 1.0 \times 10^{-12} \,[\mathrm{mol/L}]$$

よって，pH は <u>12</u> となる。

(3) (2)を 10 倍に薄めると，水酸化物イオン濃度は，

$$[\mathrm{OH^-}] = 0.010 \times \frac{1}{10} = 1.0 \times 10^{-3} \,[\mathrm{mol/L}] となる。$$

また，水のイオン積より，水素イオン濃度は，

$$[\mathrm{H^+}] = \frac{1.0 \times 10^{-14}}{[\mathrm{OH^-}]} = \frac{1.0 \times 10^{-14}}{1.0 \times 10^{-3}} = 1.0 \times 10^{-11} \,[\mathrm{mol/L}]$$

よって，pH は <u>11</u> となる。

(4) アンモニアは <u>1</u> 価の<u>弱塩基</u>であるため，電離度を考えると，水酸化物イオン濃度は，

$$[\mathrm{OH^-}] = 0.050 \times 0.020 = 0.0010 = 1.0 \times 10^{-3} \,[\mathrm{mol/L}] となる。$$

$$\underset{0.050 \,\mathrm{mol/L}}{\mathrm{NH_3}} + \mathrm{H_2O} \rightleftharpoons \mathrm{NH_4^+} + \underset{0.050 \times 0.020 = 0.0010 \,[\mathrm{mol/L}]}{\mathrm{OH^-}}$$

また，水のイオン積より，水素イオン濃度は，

$$[\mathrm{H^+}] = \frac{1.0 \times 10^{-14}}{[\mathrm{OH^-}]} = \frac{1.0 \times 10^{-14}}{1.0 \times 10^{-3}} = 1.0 \times 10^{-11} \,[\mathrm{mol/L}]$$

よって，pH は <u>11</u> となる。

Point **pH の計算**

• **pH の定義**

$[\mathrm{H^+}] = 1.0 \times 10^{-x} \,[\mathrm{mol/L}]$ のとき，pH $= x$ となる $\iff$ $\boxed{\mathrm{pH} = -\log_{10}[\mathrm{H^+}]}$

酸性 強 ← 弱 中性 弱 → 強 塩基性

pH 0　　　　　　　　　7　　　　　　　　　14

• **水のイオン積**…水溶液中では，水素イオン濃度[$\mathrm{H^+}$]と水酸化物イオン濃度
[$\mathrm{OH^-}$]の積の値は常に一定に保たれ，その値を水のイオン積という。

$$K_\mathrm{w} = [\mathrm{H^+}][\mathrm{OH^-}] = 1.0 \times 10^{-14} \,(\mathrm{mol/L})^2 \quad (25℃の値)$$

---

23 0.020

解説 pH が 3.0 であることから，水素イオン濃度は[$\mathrm{H^+}$] $= 1.0 \times 10^{-3} \,\mathrm{mol/L}$ となる。
酢酸の電離度を α とすると，

$$\underset{0.050 \,\mathrm{mol/L}}{\mathrm{CH_3COOH}} \rightleftharpoons \underset{0.0010 \,\mathrm{mol/L}}{\mathrm{H^+}} + \mathrm{CH_3COO^-}$$

$$\alpha = \frac{0.0010 \,[\mathrm{mol/L}]}{0.050 \,[\mathrm{mol/L}]} = \underline{0.020}$$

第2章　物質の変化

24 問1 $0.12\,\mathrm{mol/L}$　　問2 $0.50\,\mathrm{mol/L}$　　問3 $1.6\times10^{2}\,\mathrm{mL}$

解説 問1　酢酸 CH_3COOH 水溶液の濃度を $x(\mathrm{mol/L})$ とする。

$$\underbrace{x(\mathrm{mol/L})\times\overset{\text{CH}_3\text{COOH の価数}}{\dfrac{10}{1000}(\mathrm{L})\times1}}_{\text{CH}_3\text{COOH の H}^+(\mathrm{mol})}=\underbrace{0.10(\mathrm{mol/L})\times\overset{\text{NaOH の価数}}{\dfrac{12}{1000}(\mathrm{L})\times1}}_{\text{NaOH の OH}^-(\mathrm{mol})}\qquad x=\underline{0.12(\mathrm{mol/L})}$$

問2　希硫酸 H_2SO_4 の濃度を $x(\mathrm{mol/L})$ とする。

$$\underbrace{x(\mathrm{mol/L})\times\dfrac{5.0}{1000}(\mathrm{L})\times2}_{\text{H}_2\text{SO}_4\text{ の H}^+(\mathrm{mol})}=\underbrace{0.10(\mathrm{mol/L})\times\dfrac{50}{1000}(\mathrm{L})\times1}_{\text{NaOH の OH}^-(\mathrm{mol})}\qquad x=\underline{0.50(\mathrm{mol/L})}$$

問3　水酸化カルシウム $Ca(OH)_2$ の式量は，$40+(16+1.0)\times2=74$

必要な塩酸 HCl の体積を $x(\mathrm{mL})$ とする。

$$\underbrace{0.50(\mathrm{mol/L})\times\dfrac{x}{1000}(\mathrm{L})\times1}_{\text{HCl の H}^+(\mathrm{mol})}=\underbrace{\overset{(\mathrm{mol})\leftarrow\text{質量から}(\mathrm{mol})\text{を求める}}{\dfrac{2.96(\mathrm{g})}{74(\mathrm{g/mol})}}\times2}_{\text{Ca(OH)}_2\text{ の OH}^-(\mathrm{mol})}\qquad x=160=\underline{1.6\times10^{2}(\mathrm{mL})}$$

Point 中和滴定の計算

（酸のもつ $H^+(\mathrm{mol})$）＝（塩基のもつ $OH^-(\mathrm{mol})$）　を考える。

$$\underbrace{c(\mathrm{mol/L})\times\dfrac{v}{1000}(\mathrm{L})}_{\text{酸}(\mathrm{mol})}\times a=\underbrace{c'(\mathrm{mol/L})\times\dfrac{v'}{1000}(\mathrm{L})}_{\text{塩基}(\mathrm{mol})}\times b$$

c：酸のモル濃度$(\mathrm{mol/L})$　　v：酸の体積(mL)　　a：酸の価数

c'：塩基のモル濃度$(\mathrm{mol/L})$　　v'：塩基の体積(mL)　　b：塩基の価数

---

25 90

解説 2価の酸の分子量を M とする。

$$\underbrace{\dfrac{0.225(\mathrm{g})}{M(\mathrm{g/mol})}\times2}_{\text{2価の酸の H}^+(\mathrm{mol})}=\underbrace{0.200(\mathrm{mol/L})\times\dfrac{25.0}{1000}(\mathrm{L})\times1}_{\text{NaOH の OH}^-(\mathrm{mol})}\qquad M=\underline{90}$$

---

26 問1 ①　　問2 ⓐ

解説 問1　A：弱酸（酢酸 CH_3COOH）と強塩基（水酸化ナトリウム $NaOH$）

B：強酸（塩酸 HCl）と強塩基（水酸化ナトリウム $NaOH$）

C：強酸（塩酸 HCl）と弱塩基（アンモニア NH_3）の滴定曲線である。

問2　弱酸を強塩基で滴定する場合，<u>フェノールフタレイン</u>を指示薬として用いる。

滴定曲線

酸の水溶液を塩基の水溶液で滴定した場合の pH の変化

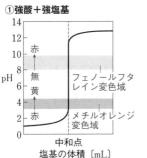

①強酸＋強塩基

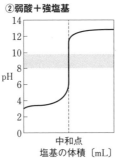

②弱酸＋強塩基

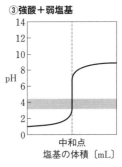

③強酸＋弱塩基

※ pH が 7 に近いほど酸性，塩基性が弱く，7 から離れているほど酸性，塩基性 が強いと考えればよい。

• pH 指示薬…pH の変化によって色が変化する試薬

〈指示薬の使い分け〉

・強酸を用いるとき

➡ **メチルオレンジ**

・強塩基を用いるとき

➡ **フェノールフタレイン**

※指示薬の色が変化する pH の範囲を，pH 指示薬の**変色域**という。

---

27 ③

解説 (a) メスフラスコは純水を入れるため，純水でぬれたまま使用してよい。

(b) ビュレットは純水で洗うと内部に水滴が残ってしまうため，はかりとる溶液で洗い，ぬれたまま使用する。加熱すると体積が変化してしまうため，ビュレットなど正確な体積を測定する器具は加熱乾燥させない。

Point　実験器具

名称	メスフラスコ	ホールピペット	ビュレット
器具	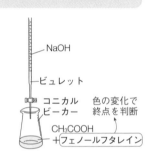		
用途	・溶液をつくる ・溶液を薄める	溶液を正確に はかりとる	溶液を滴下し，その 体積を測定する
洗浄法	純水で洗い，その まま使用する	はかりとる溶液で洗い，そのまま使用する （共洗い）	

---

28 問1　a：ホールピペット　b：メスフラスコ　c：ビュレット
問2　ⓒ　問3　0.78 mol/L，0.47 g

解説 問1　a：溶液を正確にはかりとるときに使うのは，
　ホールピペット。

b：10 mL の食酢を 100 mL のメスフラスコに入れ，
　標線まで純水を加えると，食酢を 10 倍に薄めるこ
　とができる。

c：水酸化ナトリウム水溶液を滴下するときに使うの
　は，ビュレット。

問2　弱酸である酢酸を強塩基である水酸化ナトリウム
　水溶液で滴定するときに使う指示薬は，フェノールフ
　タレイン。

問3　薄める前の食酢中の酢酸 CH_3COOH の濃度を x〔mol/L〕とする。10 倍に薄めた
　後の濃度は $\dfrac{x}{10}$〔mol/L〕となる。

$$\underbrace{\frac{x}{10}〔mol/L〕\times\frac{10}{1000}〔L〕\times 1}_{CH_3COOH \text{ の } H^+〔mol〕}=\underbrace{0.10〔mol/L〕\times\frac{7.8}{1000}〔L〕\times 1}_{NaOH \text{ の } OH^-〔mol〕}\qquad x=\underline{0.78〔mol/L〕}$$

酢酸 CH_3COOH の分子量は，$12+1.0\times 3+12+16+16+1.0=60$
食酢 10 mL 中に含まれる酢酸の質量は，

$$0.78〔mol/L〕\times\underbrace{\frac{10}{1000}〔L〕}_{〔mol〕}\times 60〔g/mol〕=0.468≒\underline{0.47〔g〕}$$

16

4 酸化・還元

29 1：酸化　　2：還元　　3：還元　　4：酸化　　5：電子
6：失う　　7：受け取る　　8：酸化

解説 酸化還元反応は，酸素，水素，電子の授受が起こる。

Point 酸化・還元の定義

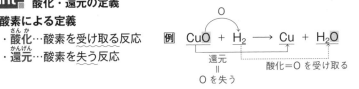

①酸素による定義
・**酸化**…酸素を受け取る反応
・**還元**…酸素を失う反応

例
$$O$$
$$CuO + H_2 \longrightarrow Cu + H_2O$$
還元
＝
O を失う
酸化＝O を受け取る

②水素による定義
・**酸化**…水素を失う反応
・**還元**…水素を受け取る反応

例
$$H$$
$$H_2S + I_2 \longrightarrow S + 2HI$$
酸化
＝
H を失う
還元＝H を受け取る

③電子による定義
・**酸化**…電子を渡す反応
・**還元**…電子を受け取る反応

例 $Cu + Cl_2 \longrightarrow CuCl_2$

$\begin{cases} Cu \longrightarrow Cu^{2+} + 2e^- & （酸化）\\ Cl_2 + 2e^- \longrightarrow 2Cl^- & （還元）\end{cases}$

④酸化数による定義
・**酸化**…酸化数が増加する反応
・**還元**…酸化数が減少する反応
※酸化数は原子に対する電子の過不足を表す（過剰は－，不足は＋で表す）。

例 酸化数＋6 ➡ 電子が 6 個不足　　酸化数－2 ➡ 電子が 2 個過剰

---

30 ア：0　　イ：0　　ウ：+4　　エ：-2　　オ：+7　　カ：+4
キ：-1　　ク：+6　　ケ：-2　　コ：+4

解説 ア，イ：単体の酸化数は $\underline{0}$。
ウ：Mn の酸化数を x とおく。$x+(-2)\times2=0$　　$x=\underline{+4}$
エ：化合物中の O の酸化数は $\underline{-2}$。
オ：Mn の酸化数を x とおく。$(+1)+x+(-2)\times4=0$　　$x=\underline{+7}$
カ：S の酸化数を x とおく。$x+(-2)\times2=0$　　$x=\underline{+4}$
キ：H の酸化数を x とおく。$(+1)+x=0$　　$x=\underline{-1}$
ク：Cr の酸化数を x とおく。$x\times2+(-2)\times7=-2$　　$x=\underline{+6}$
ケ：S の酸化数を x とおく。$(+1)\times2+x=0$　　$x=\underline{-2}$
コ：C の酸化数を x とおく。$x+(-2)\times2=0$　　$x=\underline{+4}$

Point 酸化数の計算

優先順位

ルール1
- 単体の酸化数は 0　　**例** N_2, O_3
- 化合物全体の酸化数は 0
- イオンの酸化数は価数と同じ　　**例** Fe^{3+} ➡ 酸化数 +3

ルール2
- アルカリ金属(Na, K など)の酸化数は +1
- アルカリ土類金属(Ca, Ba など)の酸化数は +2

ルール3　水素 H の酸化数は +1

ルール4　酸素 O の酸化数は -2

※ ルール1 から順に決めていく。

31　a

解説 a：S の酸化数が +4 から 0 に減少しているため還元されており，SO_2 は酸化剤としてはたらいている。

b：S の酸化数が +4 のまま変化していないため，酸化還元反応ではない。

c：S の酸化数が +4 から +6 に増加しているため酸化されており，SO_2 は還元剤としてはたらいている。

※ $PbSO_4 \longrightarrow Pb^{2+} + SO_4^{2-}$ と考えて，S の酸化数 x を求めると，

$x + (-2) \times 4 = -2$　　$x = +6$

Point 酸化剤・還元剤

- 酸化剤（さんかざい）…相手を酸化する物質。自身は還元される。
- 還元剤（かんげんざい）…相手を還元する物質。自身は酸化される。

32　a：5　　b：SO_4^{2-}　　c：1　　d：2　　e：2　　f：3

解説 過マンガン酸イオン MnO_4^- と二酸化硫黄 SO_2 の反応では，二酸化硫黄は還元剤としてはたらく。その反応式は，e^- を用いて，次のように表される。

酸化剤：$MnO_4^- + 8H^+ + \underset{a}{5}\, e^- \longrightarrow Mn^{2+} + 4H_2O$　…(1)

還元剤：$SO_2 + 2H_2O \longrightarrow \underset{b}{SO_4^{2-}} + 4H^+ + 2e^-$　…(2)

二酸化硫黄 SO_2 と硫化水素 H_2S の反応では，二酸化硫黄は酸化剤としてはたらく。その反応式は，e^- を用いて，次のように表される。

酸化剤：$SO_2 + 4H^+ + 4e^- \longrightarrow S + 2H_2O$　…(3)

還元剤：$H_2S \longrightarrow S + 2H^+ + 2e^-$　…(4)

(3)+(4)×2 より，$4e^-$ を消去すると，

$\underset{c}{1}\, SO_2 + \underset{d}{2}\, H_2S \longrightarrow \underset{e}{2}\, H_2O + \underset{f}{3}\, S$　…(5)

Point 酸化剤・還元剤の種類

	化学式	名称	半反応式	価数
酸化剤	$KMnO_4$	過マンガン酸カリウム（硫酸酸性）	$MnO_4^- + 8H^+ + 5e^- \longrightarrow Mn^{2+} + 4H_2O$	5
	$K_2Cr_2O_7$	二クロム酸カリウム（硫酸酸性）	$Cr_2O_7^{2-} + 14H^+ + 6e^- \longrightarrow 2Cr^{3+} + 7H_2O$	6
	H_2O_2	過酸化水素（硫酸酸性）	$H_2O_2 + 2H^+ + 2e^- \longrightarrow 2H_2O$	2
	H_2SO_4	熱濃硫酸	$H_2SO_4 + 2H^+ + 2e^- \longrightarrow SO_2 + 2H_2O$	2
	HNO_3	希硝酸	$HNO_3 + 3H^+ + 3e^- \longrightarrow NO + 2H_2O$	3
	HNO_3	濃硝酸	$HNO_3 + H^+ + e^- \longrightarrow NO_2 + H_2O$	1
還元剤	SO_2	二酸化硫黄	$SO_2 + 2H_2O \longrightarrow SO_4^{2-} + 4H^+ + 2e^-$	2
	H_2S	硫化水素	$H_2S \longrightarrow S + 2H^+ + 2e^-$	2
	$H_2C_2O_4$	シュウ酸	$H_2C_2O_4 \longrightarrow 2CO_2 + 2H^+ + 2e^-$	2
	KI	ヨウ化カリウム	$2I^- \longrightarrow I_2 + 2e^-$	2
	$FeSO_4$	硫酸鉄(Ⅱ)	$Fe^{2+} \longrightarrow Fe^{3+} + e^-$	1
	H_2O_2	過酸化水素	$H_2O_2 \longrightarrow O_2 + 2H^+ + 2e^-$	2

※酸化剤，還元剤の半反応式から電子 e^- を消去すると，イオン反応式となる。

第2章　物質の変化

---

33 0.50 mol/L

解説 過マンガン酸イオンとシュウ酸($(COOH)_2$ は $H_2C_2O_4$ とも表す)の反応は，

酸化剤：$MnO_4^- + 8H^+ + 5e^- \longrightarrow Mn^{2+} + 4H_2O$

還元剤：$(COOH)_2 \longrightarrow 2CO_2 + 2H^+ + 2e^-$

シュウ酸水溶液の濃度を x〔mol/L〕とする。

$$\underbrace{0.100 \text{〔mol/L〕} \times \frac{20.0}{1000} \text{〔L〕} \times 5}_{MnO_4^- \text{の} e^- \text{〔mol〕}} = \underbrace{x \text{〔mol/L〕} \times \frac{10.0}{1000} \text{〔L〕} \times 2}_{(COOH)_2 \text{の} e^- \text{〔mol〕}} \qquad x = \underline{0.50 \text{〔mol/L〕}}$$

別解

化学反応式より，$KMnO_4 : (COOH)_2 = 2 : 5$ で反応することを利用してもよい。

シュウ酸水溶液の濃度を x〔mol/L〕とする。

$$\underbrace{0.100 \text{〔mol/L〕} \times \frac{20.0}{1000} \text{〔L〕}}_{KMnO_4 \text{〔mol〕}} : \underbrace{x \text{〔mol/L〕} \times \frac{10.0}{1000} \text{〔L〕}}_{(COOH)_2 \text{〔mol〕}} = 2 : 5 \qquad x = \underline{0.50 \text{〔mol/L〕}}$$

Point 酸化還元滴定の計算

（酸化剤が受け取る e^-〔mol〕）＝（還元剤が渡す e^-〔mol〕）　を考える。

$$\underbrace{c\,\text{〔mol/L〕} \times \frac{v}{1000}\text{〔L〕}}_{\text{〔mol〕}} \times a = \underbrace{c'\,\text{〔mol/L〕} \times \frac{v'}{1000}\text{〔L〕}}_{\text{〔mol〕}} \times b$$

c：酸化剤のモル濃度〔mol/L〕　　v：酸化剤の体積〔mL〕　　a：酸化剤の価数
c'：還元剤のモル濃度〔mol/L〕　v'：還元剤の体積〔mL〕　b：還元剤の価数
※価数とは，酸化剤（還元剤）が受け取る（渡す）ことのできる電子の数を表す。

34　問1　ア：6　イ：5　ウ：2　エ：8　　問2　⑧　　問3　0.75 mol/L

解説 問1　過マンガン酸イオン MnO_4^- と過酸化水素 H_2O_2 の反応は，

酸化剤：$MnO_4^- + 8H^+ + \underline{5}e^- \longrightarrow Mn^{2+} + 4H_2O$　…①

還元剤：$H_2O_2 \longrightarrow O_2 + 2H^+ + \underline{2}e^-$　　　　　　　…②

①×2＋②×5より，$10e^-$ を消去すると，

$5H_2O_2 + 2MnO_4^- + \underline{6}_{ア}H^+ \longrightarrow \underline{5}_{イ}O_2 + \underline{2}_{ウ}Mn^{2+} + \underline{8}_{エ}H_2O$

問2　過マンガン酸カリウム水溶液は赤紫色であり，反応して Mn^{2+} になると<u>無色</u>に変化する。

$$\underbrace{MnO_4^-}_{\text{赤紫色}} + 8H^+ + 5e^- \longrightarrow \underbrace{Mn^{2+}}_{\text{無色}} + 4H_2O$$

滴下した過マンガン酸カリウム水溶液は，反応すると，<u>無色</u>に変化するが，反応が完結すると，<u>過マンガン酸カリウムが反応せずに残るため，赤紫色が残る。</u>

KMnO₄

H₂O₂＋H₂SO₄

赤紫色が残ったら終点

問3　薄める前の過酸化水素水の濃度を x〔mol/L〕とする。10 倍に薄めた後の濃度は，$\dfrac{x}{10}$〔mol/L〕となる。

$$\underbrace{0.0500\text{〔mol/L〕} \times \frac{6.00}{1000}\text{〔L〕} \times 5}_{MnO_4^- \text{の } e^-\text{〔mol〕}} = \underbrace{\frac{x}{10}\text{〔mol/L〕} \times \frac{10.0}{1000}\text{〔L〕} \times 2}_{H_2O_2 \text{の } e^-\text{〔mol〕}} \qquad x = \underline{0.75}\text{〔mol/L〕}$$

第3章 物質の状態

1 結晶

> 1 　問1　ア：4　イ：4　ウ：共有　エ：四面　オ：ファンデルワールス力
> 　　　カ：塩化物イオン　キ：イオン　ク：自由電子　ケ：金属
> 問2　① (C)　② (D)　③ (B)　④ (A)　　問3　(A) (イ)　(B) (ウ)　(C) (エ)　(D) (ア)

解説 問1　ダイヤモンドは，炭素原子の $\underset{\text{ア}}{4個}$ の価電子がほかの $\underset{\text{イ}}{4個}$ の炭素原子と $\underset{\text{エ}}{正四面体形}$ に結合した $\underset{\text{ウ}}{共有結合}$ の結晶である（右図）。

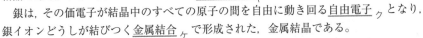

　ドライアイスは，多数の二酸化炭素分子が， $\underset{\text{オ}}{ファンデルワールス力}$ で結びついた分子結晶である。

　塩化カリウムは，カリウムイオン K^+ と $\underset{\text{カ}}{塩化物イオン}$ Cl^- が静電気的な引力（クーロン力）で結びついたイオン結晶である。イオン間にはたらく結合を $\underset{\text{キ}}{イオン結合}$ という。

　銀は，その価電子が結晶中のすべての原子の間を自由に動き回る $\underset{\text{ク}}{自由電子}$ となり，銀イオンどうしが結びつく $\underset{\text{ケ}}{金属結合}$ で形成された，金属結晶である。

問2　①　ダイヤモンドは，共有結合の結晶であるため，とても硬く融点が高い。

② ドライアイスは，分子結晶であるため，軟らかく砕けやすい。

③ 塩化カリウムは，イオン結晶であるため，固体は電気を通さず，融解液は電気を通す。

④ 銀は，金属結晶であるため，熱や電気をよく通す。

問3　(ア)　ナフタレン $C_{10}H_8$ は，分子結晶である。

(イ) アルミニウム Al は，金属結晶である。

(ウ) 塩化マグネシウム $MgCl_2$ は，イオン結晶である。

(エ) 二酸化ケイ素 SiO_2 は，共有結合の結晶である。

Point 結合・結晶の種類と性質

結晶	共有結合の結晶	イオン結晶	金属結晶	分子結晶
結合力	共有結合	イオン結合	金属結合	分子間力
硬さ	非常に硬い	硬いがもろい	展性・延性がある	軟らかい
融点	非常に高い	高い	中～高い	低い
電気伝導性	なし （黒鉛を除く）	固体はなし 水溶液・融解液はあり	あり	なし
具体例	ダイヤモンド ケイ素 二酸化ケイ素	金属＋非金属 例 NaCl， 　　MgO	金属 例 Fe， 　　Mg	ドライアイス ヨウ素 ナフタレン

※結合が強いほど，結晶が硬く，融点が高い。

2 **問1** 面心立方格子　**問2** 4 個　**問3** 12

解説 **問2** 面心立方格子の単位格子中に含まれる原子の数は,

$\frac{1}{8}\times 8+\frac{1}{2}\times 6=$ <u>4〔個〕</u>

問3 面心立方格子では，1 つの原子に <u>12 個</u>の原子が接している。

Point 面心立方格子（めんしんりっぽうこうし）

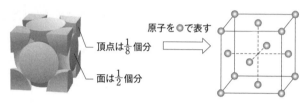

頂点は1/8個分
面は1/2個分
原子を●で表す

①単位格子中の原子数：$\frac{1}{8}\times 8+\frac{1}{2}\times 6=4$〔個〕

②配位数(隣接している原子の数)：12

➡ 2 つの単位格子を重ねて考えると，1 つの原子が 12 個の原子に隣接していることがわかる。

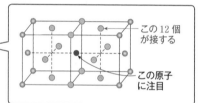

この 12 個
が接する
この原子
に注目

③ 1 辺 a と原子半径 r の関係式

a
a
r
r
$\sqrt{2}a$
r
r
a

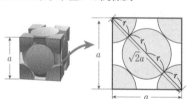

$$\sqrt{2}\,a=4r$$

$$r=\frac{\sqrt{2}}{4}a$$

④密度 d〔g/cm^3〕（原子量 M，アボガドロ定数 N_A）

➡単位格子について考えると，

原子 1 個の質量〔g/ 個〕　単位格子中の原子数

$$d=\frac{\dfrac{M\text{〔g/mol〕}}{N_A\text{〔個 /mol〕}}\times 4\text{〔個〕}}{a^3\text{〔cm}^3\text{〕}}=\frac{4M}{a^3N_A}\text{〔g/cm}^3\text{〕}$$

3 **問1** 4 個　**問2** 0.143 nm

解説 **問1** 面心立方格子の単位格子中に含まれる原子の数は,

$\frac{1}{8}\times 8+\frac{1}{2}\times 6=$ <u>4〔個〕</u>

問2　アルミニウムの原子半径は，

$$r = \frac{\sqrt{2}}{4}a = \frac{1.41}{4} \times 0.405 = 0.1427 \doteqdot \underline{0.143}〔\text{nm}〕$$

4　問1　体心立方　　問2　8　　問3　2個　　問4　1.9×10^{-8} cm
問5　0.96 g/cm³

解説　問2　体心立方格子では，1つの原子に8個の原子が接している。

問3　体心立方格子の単位格子中に含まれる原子の数は，$\frac{1}{8} \times 8 + 1 = \underline{2}〔個〕$

問4　ナトリウムの原子半径は，

$$r = \frac{\sqrt{3}}{4}a = \frac{1.73}{4} \times 4.3 \times 10^{-8} = 1.85 \times 10^{-8} \doteqdot \underline{1.9 \times 10^{-8}}〔\text{cm}〕$$

問5　ナトリウムの密度は，

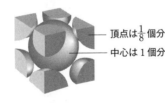
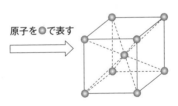

$$d = \frac{\dfrac{M〔\text{g/mol}〕}{N_A〔\text{個/mol}〕} \times 2〔個〕}{a^3〔\text{cm}^3〕} = \frac{2M}{a^3 N_A} = \frac{2 \times 23}{(4.3 \times 10^{-8})^3 \times 6.0 \times 10^{23}}$$

Na原子1個の質量　単位格子中の原子数

$$= \frac{2 \times 23}{79.5 \times 10^{-24} \times 6.0 \times 10^{23}} = 0.964 \doteqdot \underline{0.96}〔\text{g/cm}^3〕$$

Point　**体心立方格子**（たいしんりっぽうこうし）

頂点は$\frac{1}{8}$個分
中心は1個分

原子を●で表す

この8個が接する

この原子に注目

①単位格子中の原子数：$\frac{1}{8} \times 8 + 1 = 2〔個〕$

②配位数（隣接している原子の数）：8
　➡中心の原子が頂点にある8個の原子と接している。

③1辺aと原子半径rの関係式

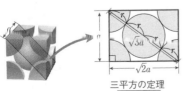

三平方の定理
$\sqrt{a^2 + (\sqrt{2}a)^2}$

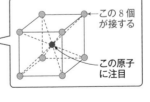

$\sqrt{3}\,a = 4r$

$r = \frac{\sqrt{3}}{4}a$

④密度 d〔g/cm³〕　（原子量 M，アボガドロ定数 N_A）

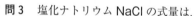

$$d = \frac{\dfrac{M〔\text{g/mol}〕}{N_A〔\text{個/mol}〕} \times 2〔\text{個}〕}{a^3〔\text{cm}^3〕} = \frac{2M}{a^3 N_A}〔\text{g/cm}^3〕$$

原子1個の質量〔g/個〕　単位格子中の原子数

5　　**問1**　6個　　**問2**　4個　　**問3**　2.2 g/cm³　　**問4**　1.0×10⁻⁸ cm

解説 **問1**　中心の Na⁺● に注目すると，上下・左右・前後の6個の Cl⁻○ に囲まれていることがわかる。

問2　単位格子中に含まれる Na⁺ は，

$$1 + \frac{1}{4} \times 12 = \underline{4}〔\text{個}〕$$

※単位格子には Cl⁻ も4個含まれる。

$$\frac{1}{8} \times 8 + \frac{1}{2} \times 6 = 4〔\text{個}〕$$

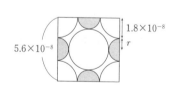

1個
$\frac{1}{8}$個
$\frac{1}{4}$個
$\frac{1}{2}$個
Na⁺
Cl⁻

問3　塩化ナトリウム NaCl の式量は，

$$23 + 35.5 = 58.5$$

単位格子中に NaCl が4組含まれるので，塩化ナトリウムの密度は，

$$d = \frac{\dfrac{M〔\text{g/mol}〕}{N_A〔\text{個/mol}〕} \times 4〔\text{個}〕}{a^3〔\text{cm}^3〕} = \frac{4 \times 58.5}{(5.6 \times 10^{-8})^3 \times 6.0 \times 10^{23}}$$

NaCl 1組の質量　　NaCl の数

$$= \frac{4 \times 58.5}{176 \times 10^{-24} \times 6.0 \times 10^{23}} = 2.21 ≒ \underline{2.2}〔\text{g/cm}^3〕$$

問4　Na⁺ のイオン半径を r とすると，単位格子の1辺は，

$$2 \times (r + 1.8 \times 10^{-8}) = 5.6 \times 10^{-8}$$

$$r = \underline{1.0 \times 10^{-8}}〔\text{cm}〕$$

1.8×10^{-8}
r
5.6×10^{-8}

Point **NaCl の単位格子（岩塩型）**

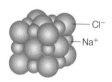

Cl⁻
Na⁺

Na⁺を●，Cl⁻を●で表す

NaCl型

① 単位格子中のイオン数

Na$^+$: $1 + \dfrac{1}{4} \times 12 = 4$〔個〕　　　Cl$^-$: $\dfrac{1}{8} \times 8 + \dfrac{1}{2} \times 6 = 4$〔個〕

② 配位数（1つのイオンに接する異符号のイオンの数）：6

③ 1辺 a とイオン半径（Na$^+$ のイオン半径 r^+，Cl$^-$ のイオン半径 r^-）の関係式

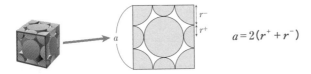

$$a = 2(r^+ + r^-)$$

④ 密度 d〔g/cm^3〕　（式量 M，アボガドロ定数 N_A）

NaCl 1 組の質量〔g/個〕　NaCl の数

$$d = \dfrac{\dfrac{M \text{〔g/mol〕}}{N_A \text{〔個/mol〕}} \times 4 \text{〔個〕}}{a^3 \text{〔cm}^3\text{〕}} = \dfrac{4M}{a^3 N_A} \text{〔g/cm}^3\text{〕}$$

2　気体の法則

6　1.4 L

解説　体積を V〔L〕とする。ボイルの法則より，

$$\underbrace{1.0 \times 10^5}_{P} \times \underbrace{7.0}_{V} = \underbrace{5.0 \times 10^5}_{P} \times \underbrace{V}_{V} \qquad V = \underline{1.4}\text{〔L〕}$$

Point　ボイルの法則

一定温度で，一定量の気体の体積 V は圧力 P に反比例する

$$PV = k \quad \text{または} \quad V = \dfrac{k}{P} \quad (k \text{ は定数})$$

➡　$P_1 V_1 = P_2 V_2$

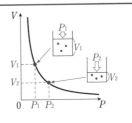

7　問1　150 mL　　問2　267℃

解説　問1　体積を V〔mL〕とする。シャルルの法則より，

$$\dfrac{100}{27 + 273} = \dfrac{V}{177 + 273} \quad \longleftarrow \text{温度は 273 を足し，絶対温度とする！} \qquad V = \underline{150}\text{〔mL〕}$$

問2　温度を t〔℃〕とする。シャルルの法則より，

$$\dfrac{100}{27 + 273} = \dfrac{180}{t + 273} \qquad t = \underline{267}\text{〔℃〕}$$

Point シャルルの法則

一定圧力の下で，一定量の気体の体積 V は絶対温度 T に比例する

$$\frac{V}{T} = k' \quad \text{または} \quad V = k'T \quad (k' は定数)$$

$$\Rightarrow \quad \frac{V_1}{T_1} = \frac{V_2}{T_2}$$

☆絶対温度：$T(\mathrm{K}) = t(\mathrm{℃}) + 273$

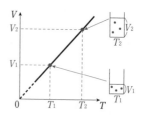

---

8 問1 2.0×10^5 Pa 問2 1.6 L 問3 1.3 倍

解説 問1 圧力を P〔Pa〕とする。ボイル・シャルルの法則より，

$$\frac{1.0 \times 10^5 \times 1.0}{0 + 273} = \frac{P \times 1.0}{273 + 273} \qquad P = \underline{2.0 \times 10^5}〔\mathrm{Pa}〕$$

問2 体積を V〔L〕とする。ボイル・シャルルの法則より，

$$\frac{1.0 \times 10^5 \times 6.0}{27 + 273} = \frac{5.0 \times 10^5 \times V}{127 + 273} \qquad V = \underline{1.6}〔\mathrm{L}〕$$

問3 地表面での風船の体積を V〔L〕，上昇した後の風船の体積を V'〔L〕とする。
ボイル・シャルルの法則より，

$$\frac{1.01 \times 10^5 \times V}{20 + 273} = \frac{7.1 \times 10^4 \times V'}{-5 + 273} \qquad V' = 1.30V$$

よって，上昇した後の風船の体積は，地表面のときの <u>1.3 倍</u> となる。

Point ボイル・シャルルの法則

一定量の気体の体積 V は圧力 P に反比例し，絶対温度 T に比例する

$$\frac{PV}{T} = k'' \quad (k'' は定数) \quad \Rightarrow \quad \frac{P_1 V_1}{T_1} = \frac{P_2 V_2}{T_2}$$

※ボイルの法則とシャルルの法則を1つにまとめたもの。

---

9 問1 8.0×10^{-2} mol 問2 6.2×10^5 Pa 問3 1.6×10^2

解説 問1 窒素の物質量を n〔mol〕とすると，気体の状態方程式より，

$$2.0 \times 10^5 \times 1 = n \times 8.3 \times 10^3 \times (27 + 273) \qquad n = 0.0803 \fallingdotseq \underline{0.080}〔\mathrm{mol}〕$$

問2 アルゴンの圧力を P〔Pa〕とする。気体の状態方程式より，

$$P \times 10 = 2.5 \times 8.3 \times 10^3 \times (27 + 273) \qquad P = 6.22 \times 10^5 \fallingdotseq \underline{6.2 \times 10^5}〔\mathrm{Pa}〕$$

問3 分子量を M とすると，物質量は，

$$\frac{0.25〔\mathrm{g}〕}{M〔\mathrm{g/mol}〕} = \frac{0.25}{M}〔\mathrm{mol}〕$$

と表されるので，気体の状態方程式より，

$$8.0 \times 10^4 \times \frac{50}{1000} = \frac{0.25}{M} \times 8.3 \times 10^3 \times (27 + 273) \qquad M = 1.55 \times 10^2 \fallingdotseq \underline{1.6 \times 10^2}$$

Point 気体の状態方程式

一定量の気体の体積 V は圧力 P に反比例し，絶対温度 T に比例し，物質量 n に比例する

$$\frac{PV}{nT} = R \quad \Rightarrow \quad \boxed{PV = nRT}$$

※ R は**気体定数**とよばれ，次のように求められる。

➡ 1 mol の気体は 0℃，1.013×10^5 Pa で 22.4 L であることから，

$$R = \frac{PV}{T} = \frac{1.013 \times 10^5 (\text{Pa}) \times 22.4 (\text{L/mol})}{273 (\text{K})}$$
$$= 8.31 \times 10^3 (\text{Pa·L/(mol·K)})$$

---

10 問1 酸素の分圧：5.0×10^4 Pa　　窒素の分圧：1.0×10^5 Pa

　　　問2　1.5×10^5 Pa

解説 問1　気体を混合した後の酸素と窒素の分圧をそれぞれ P_{O_2}, P_{N_2} とする。ボイルの法則より，

酸素について，$1.5 \times 10^5 \times 2.0 = P_{O_2} \times 6.0$

　　$P_{O_2} = \underline{5.0 \times 10^4 (\text{Pa})}$

窒素について，$2.0 \times 10^5 \times 3.0 = P_{N_2} \times 6.0$

　　$P_{N_2} = \underline{1.0 \times 10^5 (\text{Pa})}$

問2　全圧は，

$$P_{O_2} + P_{N_2} = 5.0 \times 10^4 + 1.0 \times 10^5$$
$$= \underline{1.5 \times 10^5 (\text{Pa})}$$

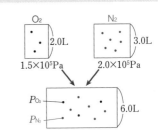

Point 分圧の法則

- **全圧**…混合気体全体の圧力
- **分圧**…混合気体の各成分分気体が全体の体積を占めるときの圧力
- **ドルトンの分圧の法則**…混合気体の全圧は，各成分気体の分圧の和に等しい

例

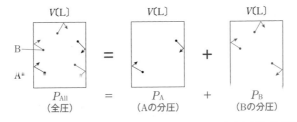

$$\begin{array}{ccccc} P_{\text{All}} & = & P_{\text{A}} & + & P_{\text{B}} \\ (\text{全圧}) & & (\text{Aの分圧}) & & (\text{Bの分圧}) \end{array}$$

11 5.0×10^5 Pa

解説 それぞれの物質量は,

酸素 O_2 $\dfrac{12.8〔g〕}{32〔g/mol〕} = 0.40〔mol〕$　　窒素 N_2 $\dfrac{5.6〔g〕}{28〔g/mol〕} = 0.20〔mol〕$

混合気体の全圧を $P〔Pa〕$ とすると,気体の状態方程式より,

$P \times 3.0 = (0.40 + 0.20) \times 8.3 \times 10^3 \times (27 + 273)$　　$P = 4.98 \times 10^5 \fallingdotseq \underline{5.0 \times 10^5}〔Pa〕$

注意 圧力は気体の種類に無関係なので,2種類以上の気体をまとめて状態方程式に代入しても圧力が求められる。

12 ①

解説 それぞれの物質量は,

酸素 O_2 $\dfrac{8.0〔g〕}{32〔g/mol〕} = 0.25〔mol〕$

窒素 N_2 $\dfrac{28.0〔g〕}{28〔g/mol〕} = 1.0〔mol〕$

酸素の分圧は,

$\underbrace{\dfrac{0.25〔mol〕}{0.25 + 1.0〔mol〕}}_{モル分率} \times \underbrace{P}_{全圧} = \dfrac{1}{5}P〔Pa〕$

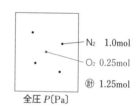

全圧 $P〔Pa〕$

N₂　1.0mol
O₂　0.25mol
㊎　1.25mol

Point **分圧と物質量の関係**

• **モル分率**…混合気体の全物質量に対する各成分気体の物質量の割合

　例　気体 A $n_A〔mol〕$,気体 B $n_B〔mol〕$ の混合気体のモル分率

　　A のモル分率: $\dfrac{n_A}{n_A + n_B}$　　　B のモル分率: $\dfrac{n_B}{n_A + n_B}$

※物質量と分圧は比例するため,「**物質量の比 = 分圧の比**」が成り立つ。

　　A : B : 全体 $= \underbrace{n_A : n_B : (n_A + n_B)}_{物質量比} = \underbrace{P_A : P_B : P_{All}}_{圧力比}$

$$P_A = \dfrac{n_A}{n_A + n_B}P_{All} \qquad P_B = \dfrac{n_B}{n_A + n_B}P_{All}$$

注意「**分圧 = モル分率 × 全圧**」で求められる。

---

13 問1　4.0×10^{-2} mol　　**問2**　1.8×10^5 Pa　　**問3**　33

解説 問1　プロパンの物質量を $n〔mol〕$ とする。気体の状態方程式より,

　　$1.0 \times 10^5 \times 1.0 = n \times 8.3 \times 10^3 \times 300$　　$n = 4.01 \times 10^{-2} \fallingdotseq \underline{4.0 \times 10^{-2}}〔mol〕$

問2　コックを開けると,2つの容器がつながるため,その体積は $1.0 + 4.0 = 5.0〔L〕$ となる。

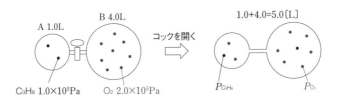

コックを開いた後のプロパンと酸素の分圧をそれぞれ $P_{C_3H_8}$, P_{O_2} とする。ボイルの法則より,

プロパンについて, $1.0 \times 10^5 \times 1.0 = P_{C_3H_8} \times 5.0$ 　$P_{C_3H_8} = 2.0 \times 10^4 \text{[Pa]}$

酸素について, $2.0 \times 10^5 \times 4.0 = P_{O_2} \times 5.0$ 　$P_{O_2} = 1.6 \times 10^5 \text{[Pa]}$

コックを開いた後の全圧は,

$$P_{C_3H_8} + P_{O_2} = 2.0 \times 10^4 + 1.6 \times 10^5 = \underline{1.8 \times 10^5 \text{[Pa]}}$$

問3 プロパン C_3H_8 の分子量は, $12 \times 3 + 1.0 \times 8 = 44$, 酸素 O_2 の分子量は, $16 \times 2 = 32$

分圧と物質量が比例することから, この気体の平均分子量は,

$$\underset{\substack{C_3H_8 \text{の} \\ \text{分子量}}}{44} \times \underset{\left(\substack{C_3H_8 \text{の分圧} \\ \text{全圧}}\right)}{\frac{2.0 \times 10^4}{1.8 \times 10^5}} + \underset{\substack{O_2 \text{の} \\ \text{分子量}}}{32} \times \underset{\left(\substack{O_2 \text{の分圧} \\ \text{全圧}}\right)}{\frac{1.6 \times 10^5}{1.8 \times 10^5}} = 33.3 \fallingdotseq \underline{33}$$

Point **混合気体の平均分子量**

- 平均分子量…混合気体の分子量の平均値

分子量 M_A の気体 A n_A〔mol〕, 分子量 M_B の気体 B n_B〔mol〕の平均分子量 M

$$M = \underset{\substack{\text{A のモル分率}}}{\frac{n_A}{n_A + n_B}} M_A + \underset{\substack{\text{B のモル分率}}}{\frac{n_B}{n_A + n_B}} M_B$$

※それぞれの分子量にモル分率をかけて和をとることで, 平均分子量を求めることができる。

---

3 蒸気圧・実在気体

14 0.016 mol

解説 水上置換で水素を捕集すると, 液体の水と接しているため, 飽和蒸気圧である $3.6 \times 10^3 \text{Pa}$ に等しい分圧の水蒸気が存在する。

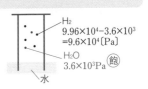

水素の分圧は,

$$9.96 \times 10^4 - 3.6 \times 10^3 = 9.60 \times 10^4 \text{[Pa]}$$

捕集した水素の物質量を n〔mol〕とする。気体の状態方程式より,

$$9.60 \times 10^4 \times \frac{415}{1000} = n \times 8.3 \times 10^3 \times (27 + 273) \qquad n = \underline{0.016 \text{[mol]}}$$

Point 飽和蒸気圧

- 気液平衡…蒸発する速度と，凝縮する速度が等しい状態
- 飽和蒸気圧…気液平衡の状態における気体の圧力
➡その物質が気体になることができる最大の圧力

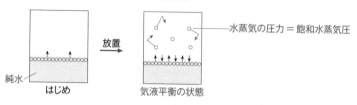

はじめ　　気液平衡の状態

純水　　水蒸気の圧力＝飽和水蒸気圧

※容器内で液体が存在するとき，その物質の気体の圧力は必ず**飽和蒸気圧**と等しい。

---

15 問1 存在する 　問2 3.2×10^3 Pa 　問3 存在しない
問4 5.7×10^4 Pa

解説 問1 水の物質量は，

$$\frac{1.8\,[\mathrm{g}]}{18\,[\mathrm{g/mol}]} = 0.10\,[\mathrm{mol}]$$

25℃で水がすべて気体であると仮定し，その分圧を P' [Pa]とする。気体の状態方程式より，

$$P' \times 10 = 0.10 \times 8.3 \times 10^3 \times (25 + 273) \qquad P' = 2.47 \times 10^4\,[\mathrm{Pa}]$$

この値は，25℃の飽和水蒸気圧 3.2×10^3 Pa を超えているため，水は一部液化していることがわかる。

問2 問1では，水は一部液化しているため，水蒸気の分圧は25℃の飽和水蒸気圧と等しく，3.2×10^3 Pa である。

問3 70℃で水がすべて気体であると仮定し，その分圧を P'' [Pa]とする。気体の状態方程式より，

$$P'' \times 10 = 0.10 \times 8.3 \times 10^3 \times (70 + 273) \qquad P'' = 2.84 \times 10^4\,[\mathrm{Pa}]$$

この値は，70℃の飽和水蒸気圧 3.1×10^4 Pa を超えていないため，水はすべて気体で存在することがわかる。

問4 問3では，水がすべて気体であるため，容器内には 0.10 mol の空気と 0.10 mol の水蒸気が存在する。容器内の全圧を P [Pa]とすると，気体の状態方程式より，

$$P \times 10 = (0.10 + 0.10) \times 8.3 \times 10^3 \times (70 + 273) \qquad P = 5.69 \times 10^4 \fallingdotseq 5.7 \times 10^4\,[\mathrm{Pa}]$$

> **Point** **状態の判別**
>
> 容器内に存在する物質の状態を調べるときは，次のように考える。
>
> 物質がすべて気体で存在すると仮定し，その分圧 P' を計算する。
>
> ① $P' \leqq$ (飽和蒸気圧) のとき，その物質はすべて気体で存在する。
>
>   ➡ 物質の圧力 $P = P'$
>
> ② $P' >$ (飽和蒸気圧) のとき，その物質は**一部液化**する。
>
>   ➡ 物質の圧力 $P =$ (飽和蒸気圧)
>
>   ※気液平衡の状態であるため。

---

[16] 0.70 mol

解説 ヘキサンは，一部液化しているため，その分圧は 17℃ の飽和蒸気圧と等しく，2.0×10^4 Pa となる。よって，窒素の分圧は，

$$1.0 \times 10^5 - 2.0 \times 10^4 = 8.0 \times 10^4 \, (Pa)$$

気体のヘキサンを n (mol) とする。分圧と物質量は比例するため，

$$\underset{\text{ヘキサン}}{n \, (mol) : 2.0 \times 10^4 \, (Pa)} = \underset{\text{窒素}}{0.40 \, (mol) : 8.0 \times 10^4 \, (Pa)}$$

$$n = 0.10 \, (mol)$$

よって，液化しているヘキサンの物質量は，

$$0.80 - 0.10 = \underline{0.70} \, (mol)$$

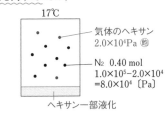

17℃

気体のヘキサン
2.0×10^4 Pa (飽)

N₂ 0.40 mol
$1.0 \times 10^5 - 2.0 \times 10^4$
$= 8.0 \times 10^4$ (Pa)

ヘキサン一部液化

---

[17] 1.9×10^5 Pa

解説 水素が燃焼した後の物質量を考える。

	$2H_2$	$+$	O_2	$\longrightarrow$	$2H_2O$	
反応前	1.0		1.0		0	(mol)
反応量	-1.0		-0.5		$+1.0$	➡反応量は係数と比例
反応後	0		0.5		1.0	

生成した水がすべて気体であると仮定し，その分圧を P' (Pa) とする。気体の状態方程式より，

$$P' \times 10 = 1.0 \times 8.3 \times 10^3 \times (77 + 273) \qquad P' = 2.90 \times 10^5 \, (Pa)$$

この値は，77℃ の飽和水蒸気圧 4.2×10^4 Pa を超えているため，水は一部液化していることがわかり，水蒸気の分圧は 77℃ の飽和水蒸気圧と等しく 4.2×10^4 Pa である。

また，残った酸素の分圧を P (Pa) とする。気体の状態方程式より，

$$P \times 10 = 0.50 \times 8.3 \times 10^3 \times (77 + 273) \qquad P = 1.45 \times 10^5 \, (Pa)$$

容器内の全圧は，

$$\underset{\text{水蒸気}}{4.2 \times 10^4} + \underset{\text{酸素}}{1.45 \times 10^5} = 1.87 \times 10^5 \fallingdotseq \underline{1.9 \times 10^5} \, (Pa)$$

18 28%

解説 それぞれの物質量は,

メタン CH_4 $\dfrac{0.016〔g〕}{16〔g/mol〕} = 0.0010〔mol〕$　　　酸素 O_2 $\dfrac{0.16〔g〕}{32〔g/mol〕} = 0.0050〔mol〕$

メタンが燃焼した後の物質量を考える。

$$CH_4 \;+\; 2O_2 \;\longrightarrow\; CO_2 \;+\; 2H_2O$$

	CH_4	$2O_2$	CO_2	$2H_2O$	
反応前	0.0010	0.0050	0	0	〔mol〕
反応量	-0.0010	-0.0020	$+0.0010$	$+0.0020$	➡反応量は係数と比例
反応後	0	0.0030	0.0010	(0.0020)	一部液化

生成した水は一部液化しているため,水蒸気の分圧は飽和水蒸気圧と等しく $3.6 \times 10^3\,\mathrm{Pa}$ である。水蒸気の物質量を $n〔mol〕$ とすると,気体の状態方程式より,

$$3.6 \times 10^3 \times 1.0 = n \times 8.3 \times 10^3 \times (27+273) \qquad n = 0.00144〔mol〕$$

よって,液体として存在する水の物質量は,

$$0.0020 - 0.00144 = 0.00056〔mol〕$$

その割合は,$\dfrac{0.00056}{0.0020} \times 100 = \underline{28}〔\%〕$

19　① (a)　② (b)　③ (a)　④ (a)　⑤ (b)

解説 ①　熱運動が弱まると,分子間力の影響が大きくなる。

②　分子間力の影響が大きくなると,実在気体の体積は理想気体より小さくなる。

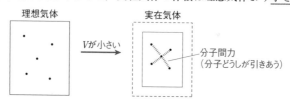

③　分子自身の体積の影響が大きいと,実在気体の体積は理想気体より大きくなる。

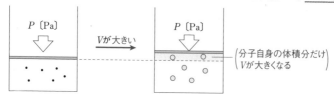

④,⑤　実在気体は,高温 ④ ・低圧 ⑤ にすると,理想気体に近づく。

Point **理想気体と実在気体**

- **理想気体**…厳密に状態方程式が成立する仮想の気体
  - **特徴** ①分子自身の体積をもたない
  - ②分子間力がはたらかない➡状態変化をしない
- **実在気体**…実際に存在する気体
  - **特徴** ①分子自身の体積をもつ
  - ②分子間力がはたらく
- ☆実在気体は，高温・低圧にすると，理想気体に近づく。
  - ➡分子自身の体積，分子間力の影響が小さくなる

---

20 A

解説 分子量が大きいほど，分子間力が強く，体積が小さくなるため，圧力が比較的小さいとき，V_m が小さくなり，$\dfrac{PV_m}{RT}$ の値が小さくなって，下へのずれが大きくなる。

したがって，①→②→③になるにつれて分子量が大きくなる。

よって，①がヘリウム He，②がメタン CH_4，③が二酸化炭素 CO_2 となる。

4 溶解度

21 問1 160 g 問2 53%

解説 問1 溶解している硝酸ナトリウムを x〔g〕とする。

（溶質）：（溶液）

$= \underset{\text{問題の溶液}}{x : 300} = \underset{\text{溶解度}}{114 : 214}$

$x = 159.8 \fallingdotseq 160$〔g〕

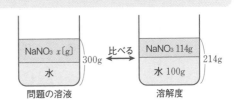

問2 飽和溶液の質量パーセント濃度は，$\dfrac{114}{214} \times 100 = 53.2 \fallingdotseq 53$〔%〕

Point **固体の溶解度**

- **溶解度**…一定量の溶媒に溶ける溶質の最大量
  - ➡固体の溶解度は，**水 100 g に溶けうる溶質の質量**〔g〕で表す
- **飽和溶液**…溶質を溶ける限界まで溶かした溶液
  - 一般に，固体の溶解度は高温ほど大きくなる
- ☆固体の溶解度計算は，「問題の溶液」と「溶解度」を比べ，比例計算する。

22 130 g

解説 析出する硝酸カリウムを x〔g〕とする。

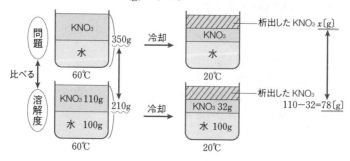

$$(析出量):(溶液)=x:350=(110-32):210 \qquad x=130〔g〕$$

23 50

解説 蒸発させた水を x〔g〕とする。

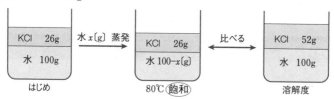

$$(溶質):(溶媒)=26:(100-x)=52:100 \qquad x=50〔g〕$$
問題の溶液　　溶解度

24 ⑧

解説 グラフより，点 A は 110 g と読み取れる。はじめの溶液 600 g 中に含まれる硝酸カリウムを x〔g〕とする。

$$(溶質):(溶液)=x:600=110:210$$
$$x=314〔g〕$$

このとき，溶液中の水は，

$$600-314=286〔g〕$$

また，グラフより 45℃の溶解度は 75 と読み取れる。45℃まで冷却したときに析出する硝酸カリウムを y〔g〕とする。

$$(溶質):(溶媒)=(314-y):286=75:100$$
$$y=99.5≒100〔g〕$$

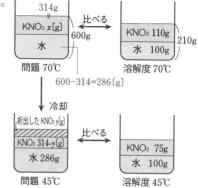

25 0.61 L

解説 20℃，2.02×10^5 Pa で 350 mL の水に溶ける二酸化炭素の物質量は，

$$3.9 \times 10^{-2} [\text{mol}] \times \underbrace{\frac{2.02 \times 10^5 [\text{Pa}]}{1.01 \times 10^5 [\text{Pa}]}}_{\text{圧力比}} \times \underbrace{\frac{0.35 [\text{L}]}{1 [\text{L}]}}_{\text{水の量の比}} = 0.0273 [\text{mol}]$$

0℃，1.013×10^5 Pa において，体積は，

$$0.0273 [\text{mol}] \times 22.4 [\text{L/mol}] = 0.611 \fallingdotseq \underline{0.61} [\text{L}]$$

Point ヘンリーの法則

温度一定で，一定量の溶媒への気体の溶解量は，その気体の**圧力(分圧)**に比例する

注意 ヘンリーの法則は，溶解度の小さい気体でのみ成立する。

　　　(H_2，O_2，CO_2　など)

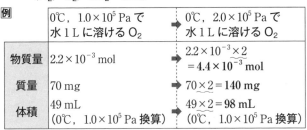

例

	0℃，1.0×10^5 Pa で 水 1 L に溶ける O_2	0℃，2.0×10^5 Pa で 水 1 L に溶ける O_2
物質量	2.2×10^{-3} mol	$2.2 \times 10^{-3} \times 2$ $= 4.4 \times 10^{-3}$ mol
質量	70 mg	$70 \times 2 = 140$ mg
体積	49 mL (0℃，1.0×10^5 Pa **換算**)	$49 \times 2 = 98$ mL (0℃，1.0×10^5 Pa **換算**)

※圧力が 2 倍になると，水に溶ける酸素の量も 2 倍になる。

---

26 2.8×10^{-3} mol

解説 空気中の酸素の分圧は，

$$\underbrace{\frac{20}{100}}_{\text{モル分率}} \times \underbrace{2.0 \times 10^5 [\text{Pa}]}_{\text{全圧}} = 0.40 \times 10^5 [\text{Pa}]$$

水 5.0 L に溶ける酸素の物質量は，

$$1.4 \times 10^{-3} [\text{mol}] \times \underbrace{\frac{0.40 \times 10^5 [\text{Pa}]}{1.0 \times 10^5 [\text{Pa}]}}_{\text{圧力比}} \times \underbrace{\frac{5.0 [\text{L}]}{1.0 [\text{L}]}}_{\text{水の量の比}} = \underline{2.8 \times 10^{-3}} [\text{mol}]$$

---

27 気体の O_2：1.0×10^{-2} mol　　水に溶けている O_2：5.7×10^{-3} mol

解説 平衡状態では右の図のようになっている。

気体の酸素の物質量を n[mol]とすると，気体の状態方程式より，

$$4.15 \times 10^4 \times 0.586 = n \times 8.3 \times 10^3 \times (20 + 273)$$
$$n = \underline{0.010} [\text{mol}]$$

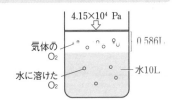

4.15×10^4 Pa

0.586 L

気体の O_2

水10L

水に溶けた O_2

また，水 10 L に溶けている酸素の物質量は，

$$1.38 \times 10^{-3}[\text{mol}] \times \underbrace{\frac{4.15 \times 10^{4}[\text{Pa}]}{1.0 \times 10^{5}[\text{Pa}]}}_{\text{圧力比}} \times \underbrace{\frac{10[\text{L}]}{1.0[\text{L}]}}_{\text{水の量の比}} = 5.72 \times 10^{-3} \fallingdotseq \underline{5.7 \times 10^{-3}[\text{mol}]}$$

5 沸点上昇・凝固点降下

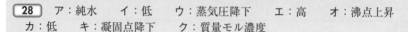

28 ア：純水　イ：低　ウ：蒸気圧降下　エ：高　オ：沸点上昇
カ：低　キ：凝固点降下　ク：質量モル濃度

解説 ア：水溶液中の水分子が，溶質が存在することにより，純水の水分子よりも蒸発する速度が遅い。よって，純水ア のほうが砂糖水よりも速く蒸発する。
イ，ウ：水溶液の蒸気圧は純水よりも低くイ，この現象を蒸気圧降下ウという。
エ，オ：水溶液の沸点は純水よりも高くエ，この現象を沸点上昇オという。
カ，キ：水溶液の凝固点は純水よりも低くカ，この現象を凝固点降下キという。
ク：凝固点降下の大きさは溶液の質量モル濃度クに比例する。

Point **沸点上昇・凝固点降下**

- **蒸気圧降下**…溶液の蒸気圧は，純溶媒の蒸気圧よりも低くなる
➡ 溶質が存在することで溶媒分子が蒸発しにくくなるため

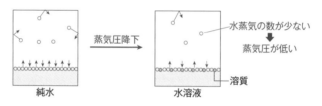

蒸気圧降下

水蒸気の数が少ない
蒸気圧が低い

純水　　　水溶液　　　溶質

- **沸点上昇**…溶液の沸点は，純溶媒の沸点よりも高くなる
- **凝固点降下**…溶液の凝固点は，純溶媒の凝固点よりも低くなる

※沸点上昇，凝固点降下の大きさは溶質の種類に無関係であり，溶液の**質量モル濃度**に比例する。　➡ p.8 **Point** 濃度の定義

---

29 17 g

解説 塩化ナトリウム NaCl の式量は，$23 + 35.5 = 58.5$
溶かした塩化ナトリウムの質量を $x[\text{g}]$ とすると，$\text{NaCl} \longrightarrow \text{Na}^{+} + \text{Cl}^{-}$ となり，
└ 2 つのイオンに電離

$$0.10[\text{K}] = 0.52[\text{K} \cdot \text{kg/mol}] \times \frac{\dfrac{x[\text{g}]}{58.5[\text{g/mol}]} \times 2}{\underbrace{3.0[\text{kg}]}_{\text{溶媒の質量}[\text{kg}]}} \qquad x = 16.8 \fallingdotseq \underline{17[\text{g}]}$$

（➡ p.8 **Point** 濃度の定義）

Point 沸点上昇の計算

- 沸点上昇の大きさ Δt〔K〕は，溶液の質量モル濃度 m〔mol/kg〕に比例する

（➡ p.36 **Point**）

$$\Delta t = K_b m$$

K_b：モル沸点上昇〔K・kg/mol〕　　※ K_b の値は溶媒ごとに決まっている。

注意 溶質の質量モル濃度は，溶液中の溶質粒子の総濃度で計算する。

$$\underset{0.1\,\text{mol/kg}}{NaCl} \longrightarrow \underset{0.1\times2=0.2\,\text{mol/kg}}{Na^+ + Cl^-} \quad ➡ \quad \underline{2}\text{つのイオンに電離}$$

30　1：② 　2：⑤ 　3：④

解説 1：塩化ナトリウム水溶液の蒸気圧は純水よりも低いため，塩化ナトリウム水溶液の蒸気圧曲線は純水の蒸気圧曲線よりも下にくる。よって，A が純水，B が塩化ナトリウム水溶液の蒸気圧曲線となる。

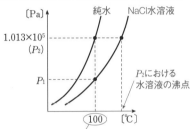

2：沸点は，蒸気圧＝大気圧となるときの温度である。よって，大気圧 P_2 と蒸気圧が等しくなる t_3 が塩化ナトリウム水溶液の沸点となる。

3：純水の大気圧 P_2 下における沸点が100℃であることから，t_2 は 100℃であるとわかる。よって，P_1 における塩化ナトリウム水溶液の沸点は，100℃であるとわかる。

Point 蒸気圧曲線と蒸気圧降下・沸点上昇

- 純水と水溶液の蒸気圧曲線

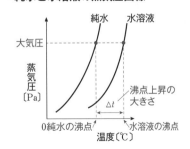

水溶液の蒸気圧は純水よりも低くなるため，蒸気圧曲線が右下にずれる

➡ 沸点（蒸気圧＝大気圧となる温度）は，水溶液のほうが純水より高い（＝沸点上昇）

31　$-1.1℃$

解説 塩化カルシウム $CaCl_2$ の式量は，$40＋35.5×2＝111$

塩化カルシウム水溶液の凝固点降下の大きさを $\Delta t〔K〕$ とすると，

$$CaCl_2 \longrightarrow Ca^{2+} ＋ 2Cl^- \text{ と}$$
3つのイオンに電離

$$\Delta t = 1.85〔K\cdot kg/mol〕× \cfrac{\cfrac{11.1〔g〕}{111〔g/mol〕}×3}{0.50〔kg〕} = 1.11〔K〕$$

凝固点が「何 K 下がるか」を表した数値

よって，凝固点は，$0－1.11 ＝ －1.11 ≒ \underline{－1.1〔℃〕}$ ← 純水の凝固点から引く必要がある。

Point **凝固点降下の計算**

・凝固点降下の大きさ $\Delta t〔K〕$ は，溶液の質量モル濃度 $m〔mol/kg〕$ に比例する

$$\Delta t = K_f m$$

K_f：モル凝固点降下〔$K\cdot kg/mol$〕　※ K_f の値は溶媒ごとに決まっている。

注意 溶質の質量モル濃度は，溶液中の溶質粒子の総濃度で計算する。

32　$5.1×10^2$

解説 水のモル凝固点降下を $K_f〔K\cdot kg/mol〕$ とする。

$$0.41〔K〕= K_f〔K\cdot kg/mol〕× \cfrac{\cfrac{15.0〔g〕}{342〔g/mol〕}}{0.20〔kg〕} \qquad K_f = 1.86〔K\cdot kg/mol〕$$

非電解質の分子量を M とすると，

$$0.82〔K〕= 1.86〔K\cdot kg/mol〕× \cfrac{\cfrac{22.5〔g〕}{M〔g/mol〕}}{0.10〔kg〕} \qquad M = 5.10×10^2 ≒ \underline{5.1×10^2}$$

別解 凝固点降下の大きさと質量モル濃度が比例することに注目すると，

$$\Delta t〔K〕：m〔mol/kg〕= 0.41〔K〕：\cfrac{\cfrac{15.0〔g〕}{342〔g/mol〕}}{0.20〔kg〕} = 0.82〔K〕：\cfrac{\cfrac{22.5〔g〕}{M〔g/mol〕}}{0.10〔kg〕}$$

スクロース溶液　　　　　非電解質の溶液

このように解くと，K_f を求める必要がない。

$$M = 5.13×10^2 ≒ \underline{5.1×10^2}$$

33　(c), (b), (a)

解説 粒子の総濃度が大きいほど，凝固点降下が大きく，凝固点が低い。よって，粒子の総濃度が小さいほど，凝固点が高い。

38

溶液中に存在する粒子の総濃度を計算すると，

(a) $MgCl_2 \longrightarrow \underline{Mg^{2+} + 2Cl^-}$

0.10 mol/kg　　$0.10 \times 3 = 0.30$〔mol/kg〕

(b) $NaCl \longrightarrow \underline{Na^+ + Cl^-}$

0.12 mol/kg　　$0.12 \times 2 = 0.24$〔mol/kg〕

(c) グルコースは非電解質(電離しない物質)であるため，溶液中の粒子の総濃度は

0.18 mol/kg となる。

　よって，凝固点の高い順(＝粒子の総濃度の小さい順)に並べると，(c)＞(b)＞(a)　となる。

---

34 問1　c　　問2　w　　問3　過冷却(状態)

解説 点a〜cまでは**凝固点以下でも液体で存在する過冷却(状態)**〈問3〉であり，点c〈問1〉から溶媒が凝固し始める。このとき，過冷却が起こらないとすると，直線d-eを延ばし交わった点aで溶液が凝固し始めるため，この溶液の凝固点は$\underline{w}$〈問2〉となる。

Point 冷却曲線

● 純溶媒と溶液の冷却曲線

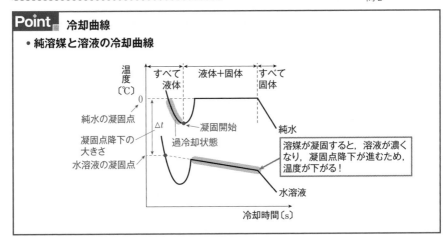

35 $7.7 \times 10^5 \, \text{Pa}$

解説 浸透圧を $\Pi \, [\text{Pa}]$ とすると，

$\Pi = (0.154 \times 2) \times 8.3 \times 10^3 \times (27 + 273) = 7.66 \times 10^5 \doteqdot \underline{7.7 \times 10^5} \, [\text{Pa}]$

┗ NaCl ⟶ Na$^+$ + Cl$^-$ により2つのイオンに電離

Point 浸透圧の計算

浸透圧 $\Pi \, [\text{Pa}]$ は，溶液のモル濃度 $C \, [\text{mol/L}]$ と絶対温度 $T \, [\text{K}]$ に比例

$$\Pi = CRT \xrightarrow{\quad C = \dfrac{n}{V} \quad} \Pi V = nRT$$

V：溶液の体積〔L〕
n：溶質の物質量〔mol〕
気体定数　$R = 8.3 \times 10^3 \, \text{Pa·L/(mol·K)}$

注意 溶質のモル濃度は溶液中の溶質粒子の総濃度で計算する。

$$\underset{0.1 \, \text{mol/L}}{\underline{\text{NaCl}}} \longrightarrow \underset{0.1 \times 2 = 0.2 \, \text{mol/L}}{\underline{\text{Na}^+ \ + \ \text{Cl}^-}} \ \Rightarrow \ 2 \text{つのイオンに電離}$$

---

36 7.1×10^4

解説 タンパク質の分子量を M とする。

$$2.1 \times 10^2 \times \frac{10}{1000} = \frac{0.060}{M} \times 8.3 \times 10^3 \times (27 + 273)$$

$$M = 7.11 \times 10^4 \doteqdot \underline{7.1 \times 10^4}$$

---

37 $1.5 \, \text{g}$

解説 グルコース $\text{C}_6\text{H}_{12}\text{O}_6$ の分子量は，$12 \times 6 + 1.0 \times 12 + 16 \times 6 = 180$

塩化ナトリウム NaCl の式量は，$23 + 35.5 = 58.5$

必要な塩化ナトリウムを $x \, [\text{g}]$ とする。2つの溶液の溶質粒子のモル濃度が等しいと浸透圧が等しくなることから，

┌ NaCl ⟶ Na$^+$ + Cl$^-$ により，
2つのイオンに電離

$$\underset{\text{グルコース〔mol/L〕}}{\dfrac{\dfrac{18.0 \, [\text{g}]}{180 \, [\text{g/mol}]}}{0.50 \, [\text{L}]}} = \underset{\text{NaCl〔mol/L〕}}{\dfrac{\dfrac{x \, [\text{g}]}{58.5 \, [\text{g/mol}]}}{0.25 \, [\text{L}]} \times 2} \qquad x = 1.46 \doteqdot \underline{1.5 \, [\text{g}]}$$

---

38 問1 浸透圧　　問2 $2.5 \times 10^5 \, \text{Pa}$　　問3 ①

解説 問1，3　デンプン水溶液と純水を，半透膜(セロハン)を隔てて接触させると，<u>浸透圧</u>(問1)がはたらくため，純水側からデンプン水溶液側に向かって水分子が移動する。よって，液面が高くなる B がデンプン水溶液であり，A が<u>純水</u>(問3)である。

問2　デンプン水溶液の浸透圧を Π [Pa]とすると,

$\Pi = 0.10 \times 8.3 \times 10^3 \times (27 + 273) = 2.49 \times 10^5 \fallingdotseq \underline{2.5 \times 10^5}$ [Pa]

Point　浸透圧の実験

- **半透膜**…溶媒を通し,溶質を通さない膜
- 浸透圧の実験

  半透膜を隔てて純水と水溶液を入れる

  ➡水分子は純水側から水溶液側に向かって移動する

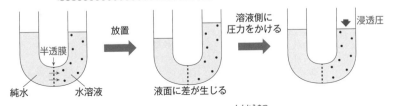

放置　　液面に差が生じる　　溶液側に圧力をかける　　浸透圧

半透膜　純水　水溶液

※水分子が移動しないように溶液側にかける圧力を浸透圧という。

39　(a)　チンダル現象　　(b)　ブラウン運動　　(c)　電気泳動　　(d)　透析

解説　コロイドの性質は,以下のとおり。

Point　コロイドの性質

- **コロイド粒子**…直径 $10^{-9} \sim 10^{-6}$ m 程度の大きさの電荷を帯びている粒子
- ➡半透膜は通過できないが,ろ紙は通過できる
- **ブラウン運動**…コロイド粒子の行う不規則な運動
- ➡熱運動している水分子がコロイド粒子に衝突することで起こる

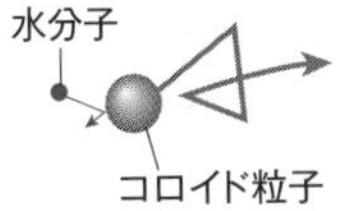

水分子

コロイド粒子

- **チンダル現象**…コロイド溶液に光を当てると光の通り道が見える
- ➡コロイド粒子が光を散乱させるために起こる

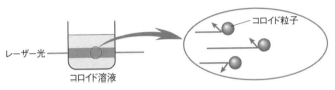

レーザー光　　コロイド溶液　　コロイド粒子

- **電気泳動**…コロイド溶液に電圧をかけるとコロイド粒子が移動
- ➡コロイド粒子が電荷を帯びているために起こる

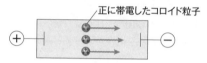

正に帯電したコロイド粒子

- **透析**(とうせき)…不純物(分子やイオン)を含むコロイド溶液をセロハンの袋に入れ，純水に浸すことで不純物を除去する操作

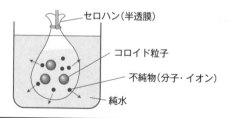

セロハン(半透膜)

コロイド粒子

不純物(分子・イオン)

純水

40　1：疎水コロイド　　2：凝析　　3：親水コロイド　　4：保護コロイド

解説　疎水コロイド₁は少量の電解質を加えると沈殿し(凝析₂)，親水コロイド₃は多量の電解質を加えると沈殿する(塩析)。

Point　コロイドの分類

- **疎水コロイド**(そすい)…少量の電解質を加えると，沈殿(＝凝析(ぎょうせき))するコロイド
➡イオンがコロイドの電荷を打ち消すことで，反発力を失い，沈殿する
例　水酸化鉄(Ⅲ)(または酸化水酸化鉄(Ⅲ))，泥水

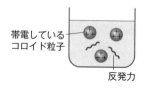
帯電している
コロイド粒子

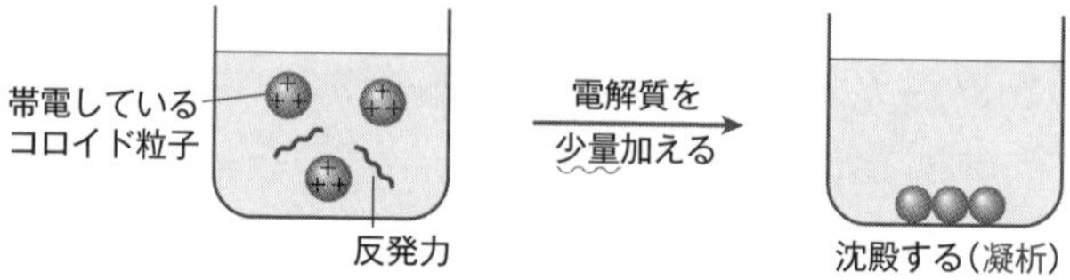

反発力

電解質を
少量加える

沈殿する(凝析)

- **親水コロイド**(しんすい)…多量の電解質を加えると，沈殿(＝塩析(えんせき))するコロイド
➡イオンが水分子を水和して取り除くことで，沈殿する
例　デンプン，タンパク質，セッケン

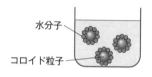
水分子

コロイド粒子

電解質を
多量加える

沈殿する(塩析)

- **保護コロイド**(ほご)…疎水コロイドを沈殿しにくくするために加える親水コロイド
➡親水コロイドが疎水コロイドを囲い込む

41 問1 ⓑ 　問2 赤褐色 　問3 ⓓ

解説 問1，2 塩化鉄(Ⅲ)水溶液を沸騰水に入れると，水酸化鉄(Ⅲ)のコロイドが生成し，これは赤褐色_{問2}の疎水コロイド_{問1}である。

問3 水酸化鉄(Ⅲ)は，正に帯電しているため，負電荷の最も大きいリン酸イオン PO_4^{3-} をもつリン酸ナトリウム Na_3PO_4 が凝析に最も有効である。

Point **水酸化鉄(Ⅲ)コロイドの合成実験**

操作 沸騰水に塩化鉄(Ⅲ)水溶液を加える

※水酸化鉄(Ⅲ)コロイドは，**正**に帯電している**赤褐色**の**疎水コロイド**である。

※透析を行うことで，不純物である H^+ と Cl^- を除去できる。

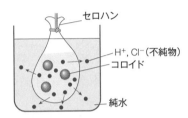

純水中に移動したイオンは，次のように確認できる

・水素イオン H^+ の確認

　➡ メチルオレンジを加えると，赤色に呈色(酸性)

・塩化物イオン Cl^- の確認

　➡ 硝酸銀水溶液を加えると，AgCl の白色沈殿が生成

　　 $Ag^+ + Cl^- \longrightarrow AgCl \downarrow$

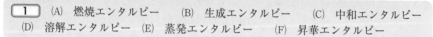

1　化学反応と熱

1 (A) 燃焼エンタルピー　(B) 生成エンタルピー　(C) 中和エンタルピー
(D) 溶解エンタルピー　(E) 蒸発エンタルピー　(F) 昇華エンタルピー

解説 (A) 1 mol の H_2(気)が完全燃焼したときのエンタルピー変化なので，<u>燃焼エンタルピー</u>である。

(B) 1 mol の CH_4(気)が成分元素の単体から生成するときのエンタルピー変化なので，<u>生成エンタルピー</u>である。

(C) 酸の H^+ と塩基の OH^- が中和して水 1 mol が生成するときのエンタルピー変化なので，<u>中和エンタルピー</u>である。

(D) 1 mol の NaOH(固)が水に溶解するときのエンタルピー変化なので，<u>溶解エンタルピー</u>である。

(E) 1 mol の H_2O(液)が蒸発したときのエンタルピー変化なので，<u>蒸発エンタルピー</u>である。

(F) 1 mol の C(黒鉛)が昇華したときのエンタルピー変化なので，<u>昇華エンタルピー</u>である。

Point　反応エンタルピーの種類

- **燃焼エンタルピー**…物質 1 mol が完全燃焼するときのエンタルピー変化
  - ➡ C は CO_2，H は H_2O になる
  - **例**　エタン C_2H_6 の燃焼エンタルピー：-1561 kJ/mol
$$C_2H_6(気) + \frac{7}{2}O_2(気) \longrightarrow 2CO_2(気) + 3H_2O(液) \quad \Delta H = -1561 \text{ kJ}$$
- **生成エンタルピー**…物質 1 mol が成分元素の単体から生成するときのエンタルピー変化
  - **例**　エタン C_2H_6 の生成エンタルピー：-84 kJ/mol
$$2C(黒鉛) + 3H_2(気) \longrightarrow C_2H_6(気) \quad \Delta H = -84 \text{ kJ}$$
- **溶解エンタルピー**…物質 1 mol が多量の溶媒に溶解するときのエンタルピー変化
  - **例**　固体の水酸化ナトリウムの溶解エンタルピー：-44 kJ/mol
$$NaOH(固) + aq \longrightarrow NaOHaq \quad \Delta H = -44 \text{ kJ} \quad \text{化学式に aq を}$$
  $$\text{つけると水溶液}$$
- **中和エンタルピー**…中和して水 1 mol が生成するときのエンタルピー変化
  - **例**　希塩酸と水酸化ナトリウム水溶液の中和エンタルピー：-57 kJ/mol
$$HClaq + NaOHaq \longrightarrow NaClaq + H_2O(液) \quad \Delta H = -57 \text{ kJ}$$
- **蒸発エンタルピー**…物質 1 mol が蒸発するときのエンタルピー変化
  - **例**　水の蒸発エンタルピー：44 kJ/mol
$$H_2O(液) \longrightarrow H_2O(気) \quad \Delta H = 44 \text{ kJ}$$

問1 C_2H_5OH(液) + $3O_2$(気) ⟶ $2CO_2$(気) + $3H_2O$(液) $\Delta H = -1368$ kJ

問2 H_2(気) + $\frac{1}{2}O_2$(気) ⟶ H_2O(液) $\Delta H = -286$ kJ

解説 問1 1 mol のエタノールが完全燃焼すると，二酸化炭素と液体の水が生じ，−1368 kJ のエンタルピー変化がある。

問2 1 mol の水(液体)が成分元素の単体である H_2 と O_2 から生成すると，−286 kJ のエンタルピー変化がある。

Point 反応エンタルピーの書き表し方

①基準物質の係数を1とし，化学反応式を書く ➡ 「係数＝mol」を表す

②化学反応式の後に反応エンタルピー ΔH を書く(発熱反応は−，吸熱反応は＋)

③化学式に物質の状態を付け加える ((固)，(液)，(気)，aq(水溶液を表す)など)

　※状態を省略している場合は，25℃，1.013×10^5 Pa の状態を表すものとする。

---

3 -297 kJ/mol

解説 二酸化硫黄の生成エンタルピーを x[kJ/mol]とする。

　S(固) + O_2(気) ⟶ SO_2(気) $\Delta H = x$[kJ]

式(2)−式(1)より，

$$S + \frac{3}{2}O_2 \longrightarrow SO_3 \quad \Delta H_2 = -396 \text{ kJ}$$

$$-\Big)\; SO_2 + \frac{1}{2}O_2 \longrightarrow SO_3 \quad \Delta H_1 = -99 \text{ kJ}$$

$$\overline{S + O_2 \longrightarrow SO_2 \quad \Delta H_2 - \Delta H_1 = -396 + 99 \text{ kJ}}$$

$x = -396 + 99 = \underline{-297}$[kJ/mol]

Point 反応エンタルピーの計算

• ヘスの法則…反応エンタルピーは，反応前後の状態のみで決まり，反応の経路には無関係である

例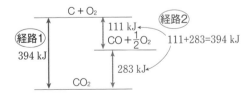

※ヘスの法則が成り立つことで，反応エンタルピーを書き加えた化学反応式を連立方程式のように扱うことができる。

→ 反応エンタルピーを書き加えた化学反応式を足したり，引いたり，実数
倍したりすることができる。

---

4 問1　$C(黒鉛) + O_2(気) \longrightarrow CO_2(気)$　$\Delta H = -394\ kJ$

問2　$H_2(気) + \dfrac{1}{2}O_2(気) \longrightarrow H_2O(液)$　$\Delta H = -286\ kJ$

問3　$3C(黒鉛) + 4H_2(気) \longrightarrow C_3H_8(気)$　$\Delta H = -107\ kJ$

問4　$-2219\ kJ/mol$

解説 問1　炭素（黒鉛）の燃焼エンタルピーが $-394\ kJ/mol$ なので，反応エンタルピーを書き加えた化学反応式は，

$\underline{C(黒鉛) + O_2(気) \longrightarrow CO_2(気)}$　$\Delta H_1 = -394\ kJ$　…①

問2　水素の燃焼エンタルピーは $-286\ kJ/mol$ なので，反応エンタルピーを書き加えた化学反応式は，

$H_2(気) + \dfrac{1}{2}O_2(気) \longrightarrow H_2O(液)$　$\Delta H_2 = -286\ kJ$　…②

問3　プロパンの生成エンタルピーは $-107\ kJ/mol$ なので，反応エンタルピーを書き加えた化学反応式は，

$\underline{3C(黒鉛) + 4H_2(気) \longrightarrow C_3H_8(気)}$　$\Delta H_3 = -107\ kJ$　…③

問4　プロパンの燃焼エンタルピーを $x[kJ/mol]$ とする。反応エンタルピーを書き加えた化学反応式は，

$\underline{C_3H_8(気) + 5O_2(気) \longrightarrow 3CO_2(気) + 4H_2O(液)}$　$\Delta H = x[kJ]$　…④

①，②，③で立てた化学反応式から式④をつくると，

$\begin{array}{llll} ①×3 & 3C + 3O_2 \longrightarrow 3CO_2 & 3\Delta H_1 = -394×3 \\ ②×4 & 4H_2 + 2O_2 \longrightarrow \quad\quad 4H_2O & 4\Delta H_2 = -286×4 \\ +)\ -③ & C_3H_8 \longrightarrow 3C + 4H_2 & -\Delta H_3 = 107 \end{array}$　右辺と左辺を入れ替えた

$\overline{C_3H_8 + 5O_2 \longrightarrow 3CO_2 + 4H_2O}$

$3\Delta H_1 + 4\Delta H_2 - \Delta H_3 = -394×3 + (-286)×4 + 107$

$x = -394×3 -286×4 + 107 = \underline{-2219[kJ/mol]}$

---

5 問1　ア：$\dfrac{7}{2}$　イ：3　問2　14 g　問3　13 L

解説 問1　エタン C_2H_6 の燃焼エンタルピーを書き加えた化学反応式は，

$$C_2H_6(気) + \underset{ア}{\dfrac{7}{2}}\ O_2(気) \longrightarrow 2CO_2(気) + \underset{イ}{3}H_2O(液)\quad \Delta H = -1560\ kJ$$

×3　×2　合計7個÷2

問2　エタンが 1 mol 燃焼するとき，1560 kJ の熱量が発生する。発熱量が 390 kJ のときに燃焼したエタン C_2H_6 の物質量は，

46

$$\frac{390\,[\text{kJ}]}{1560\,[\text{kJ/mol}]} = 0.25\,[\text{mol}] \quad \longleftarrow 単位を見て計算$$

生成する水の質量は，水 H_2O の分子量 $1.0 \times 2 + 16 = 18$ より，

$$0.25\,[\text{mol}] \times \overset{係数比}{3} \times 18\,[\text{g/mol}] = 13.5 \fallingdotseq \underline{14\,[\text{g}]}$$
$$\quad\quad {}_{H_2O[\text{mol}]}$$

問3 発熱量が 468 kJ のときに燃焼したエタン C_2H_6 の物質量は，

$$\frac{468\,[\text{kJ}]}{1560\,[\text{kJ/mol}]} = 0.30\,[\text{mol}]$$

発生する二酸化炭素の体積は，

$$0.30\,[\text{mol}] \times \overset{係数比}{2} \times 22.4\,[\text{L/mol}] = 13.4 \fallingdotseq \underline{13\,[\text{L}]}$$
$$\quad\quad {}_{CO_2[\text{mol}]}$$

---

6 391 kJ/mol

解説 N–H 結合エネルギー（結合エンタルピー）を $x\,[\text{kJ/mol}]$ とする。H_2，N_2，NH_3 の結合エネルギー（結合エンタルピー）は，次のように表せる。

$\begin{cases} H_2(気) \longrightarrow 2H(気) & \Delta H_1 = 436\text{ kJ} \quad \cdots① \\ N_2(気) \longrightarrow 2N(気) & \Delta H_2 = 945\text{ kJ} \quad \cdots② \\ NH_3(気) \longrightarrow N(気) + 3H(気) & \Delta H_3 = 3x\,[\text{kJ}] \quad \cdots③ \end{cases}$

NH_3 には N–H 結合が 3 本ある

NH_3 の生成エンタルピーを書き加えた化学反応式は，

$$\frac{1}{2}N_2(気) + \frac{3}{2}H_2(気) \longrightarrow NH_3(気) \quad \Delta H = -46.0\text{ kJ} \quad \cdots④$$

①，②，③から④をつくると，

$\quad ① \times \dfrac{3}{2} \quad\quad \dfrac{3}{2}H_2 \longrightarrow 3H \quad \dfrac{3}{2}\Delta H_1 = 436 \times \dfrac{3}{2}$

$\quad ② \times \dfrac{1}{2} \quad \dfrac{1}{2}N_2 \quad\quad\quad \longrightarrow N \quad \dfrac{1}{2}\Delta H_2 = 945 \times \dfrac{1}{2}$

$\underline{+)\ -③ \quad\quad N + 3H \longrightarrow NH_3 \quad -\Delta H_3 = -3x}$

$\quad\quad\quad\quad \dfrac{1}{2}N_2 + \dfrac{3}{2}H_2 \longrightarrow NH_3$

$$\frac{3}{2}\Delta H_1 + \frac{1}{2}\Delta H_2 - \Delta H_3 = 436 \times \frac{3}{2} + 945 \times \frac{1}{2} - 3x$$

$$436 \times \frac{3}{2} + 945 \times \frac{1}{2} - 3x = -46.0 \quad x = 390.8 \fallingdotseq \underline{391\,[\text{kJ/mol}]}$$

Point 結合エネルギー（結合エンタルピー）

共有結合 1 mol を切るときのエンタルピー変化

例 H_2 の H–H 結合エネルギー（結合エンタルピー）：436 kJ/mol

$\quad H_2(気) \longrightarrow 2H(気) \quad \Delta H = 436\text{ kJ}$

例 CH_4 の C-H 結合エネルギー(結合エンタルピー):416 kJ/mol

$$CH_4(気) \longrightarrow C(気) + 4H(気) \quad \Delta H = 1664 \text{ kJ}$$

※ CH_4 には C-H 結合が 4 本存在するため,CH_4 を原子の
状態に解離するとき,C-H 結合エネルギー(結合エンタル
ピー)の 4 倍のエネルギーが必要である。

$$416 \times 4 = 1664 \text{(kJ/mol)}$$

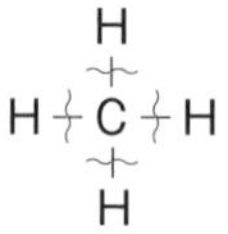

---

7 問1 2.7℃   問2 1.1 kJ   問3 −46 kJ/mol

解説 問1 直線を時間 0 まで延ばしたところの温度
を読み取ると,27.7℃ となる。

よって,上昇温度は,

$$27.7 - 25.0 = \underline{2.7 \text{(℃)}}$$

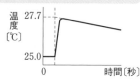

問2

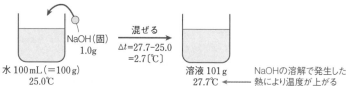

水 100 mL(=100 g)に NaOH を 1.0 g 加えるので,溶液全体の質量は 101 g となる。
発生した熱量は,

$$101 \text{(g)} \times 4.2 \text{(J/(g·℃))} \times (27.7 - 25.0) \text{(℃)} = 1.14 \times 10^3 \text{(J)} = 1.14 \text{(kJ)} \fallingdotseq \underline{1.1 \text{(kJ)}}$$

問3 水酸化ナトリウム NaOH の式量は,23 + 16 + 1.0 = 40

水酸化ナトリウム 1 mol あたりの熱量は,

$$\frac{1.14 \text{(kJ)}}{\dfrac{1.0 \text{(g)}}{40 \text{(g/mol)}}} = 45.6 \fallingdotseq 46 \text{(kJ/mol)}$$

よって,固体の水酸化ナトリウムの
溶解エンタルピーは,$\underline{-46 \text{ kJ/mol}}$

Point **熱量と温度変化**

- **比熱**…物質 1 g の温度を 1℃ 上昇させるために必要な熱量(J)

  例 水の比熱 4.2 J/(g·℃)

  ※比熱に質量と温度上昇をかけると,熱量を求めることができる。

  熱量(J)=質量(g)×比熱(J/(g·℃))×温度上昇(℃)

  比熱が c(J/(g·℃))の物質 m(g)を,Δt(℃)上昇させるのに必要な熱量を
  Q(J)とすると,$\boxed{Q = mc\Delta t}$

※**グラフの読み方**

反応に伴って放出される熱により水溶液の温度が上がる場合,温度上昇に
時間がかかり,一部の熱が外に逃げるため,次の図のようなグラフとなる。

➡ 発生した熱量がすべて温度上昇に使われたときの温度は，直線を延ばし，反応を開始した時間における温度を読み取る。

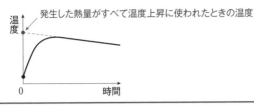

2 電池

8 　1：Au　　2：Ca　　3：Al　　4：Mg　　5：Ag

解説 1：<u>Au</u> は，王水以外の酸とは反応しない。

2：アルカリ土類金属である <u>Ca</u> は，常温で水と激しく反応する。

3：<u>Al</u> は，濃硝酸に加えると，表面に酸化被膜を形成し<u>不動態</u>となるため，溶けない。

4：<u>Mg</u> は，水と常温では反応しないが，<u>熱水</u>と反応する。

5：イオン化傾向が Cu ＞ Ag であるため，Ag^+ を含む硝酸銀水溶液に銅板を浸すと，表面に銀 <u>Ag</u> が析出する。

$$Cu + 2Ag^+ \longrightarrow Cu^{2+} + 2Ag$$

Point **イオン化傾向と金属の反応性**

• **イオン化傾向**…金属が水溶液中で陽イオンになろうとする性質

• **イオン化列**…金属をイオン化傾向の大きい順に並べたもの

大　　　　　　　　イオン化傾向　　　　　　　　小

Li ＞ K ＞ Ca ＞ Na ＞ Mg ＞ Al ＞ Zn ＞ Fe ＞ Ni ＞ Sn ＞ Pb ＞(H₂)＞ Cu ＞ Hg ＞ Ag ＞ Pt ＞ Au

• **金属の反応性**

	Li	K	Ca	Na	Mg	Al	Zn	Fe	Ni	Sn	Pb	(H₂)	Cu	Hg	Ag	Pt	Au
常温で水に溶解																	
熱水に溶解																	
高温の水蒸気と反応																	
希酸(希塩酸，希硫酸)に溶解																	
酸化力のある酸(熱濃硫酸，希硝酸，濃硝酸)に溶解																	
王水(濃硝酸：濃塩酸＝1：3の混合物)に溶解																	

注意 Al，Fe，Ni は，表面に緻密な酸化被膜を形成する(不動態となる)ため，濃硝酸に溶けない。

注意 Pb は，表面に $PbCl_2$，$PbSO_4$ の不溶な被膜を形成するため，希塩酸，希硫酸に溶けない。

解説 問4　電子は負極である<u>亜鉛板</u>から出て，正極である<u>銅板</u>に入る。

問5　亜鉛 Zn は<u>電子を放出</u>しており，<u>酸化数が0から +2 に増加</u>しているため，酸化
されている。

Point ■ ダニエル電池

イオン化傾向の違いで起こる酸化還元反応を利用

　　　正極：Cu 板 $\begin{cases} Cu^{2+} + 2e^- \longrightarrow Cu \end{cases}$
　　　負極：Zn 板 $\begin{cases} Zn \longrightarrow Zn^{2+} + 2e^- \end{cases}$

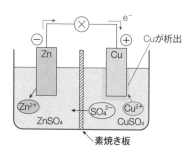

　　　※ SO_4^{2-} が $CuSO_4$ 側から $ZnSO_4$
　　　　側に，Zn^{2+} が $ZnSO_4$ 側から
　　　　$CuSO_4$ 側に向かって移動する。
　　➡　溶液中の電荷がつり合うため
　　※**起電力を上げる方法**
　　　① $ZnSO_4$ 水溶液の濃度を<u>薄く</u>，
　　　　$CuSO_4$ 水溶液の濃度を<u>濃く</u>す
　　　　る。
　　　② 2種類の金属のイオン化傾向の
　　　　差を<u>大きく</u>する。

解説 鉛蓄電池の各電極で起こる反応は，次のとおり。

　　正極：$\begin{cases} PbO_2 + SO_4^{2-} + 4H^+ + 2e^- \longrightarrow PbSO_4 + 2H_2O \end{cases}$
　　負極：$\begin{cases} Pb + SO_4^{2-} \longrightarrow PbSO_4 + 2e^- \end{cases}$

　鉛蓄電池は，正極として<u>酸化鉛(Ⅳ)PbO_2</u>ア，負極として<u>鉛 Pb</u>イ，電解質として<u>硫
酸</u>ウ水溶液を用いており，正極は電子を受け取るため<u>還元</u>エされ，負極は電子を放出
するため<u>酸化</u>カされることで，水に不溶な<u>硫酸鉛(Ⅱ)$PbSO_4$</u>オに変化する。

　逆反応を起こすと，電池の起電力が元に戻る。この操作を<u>充電</u>キという。

Point ■ 鉛蓄電池

充電可能な二次電池

　　正極：PbO_2 板 $\begin{cases} PbO_2 + SO_4^{2-} + 4H^+ + 2e^- \longrightarrow PbSO_4 + 2H_2O \end{cases}$
　　負極：Pb 板 $\begin{cases} Pb + SO_4^{2-} \longrightarrow PbSO_4 + 2e^- \end{cases}$

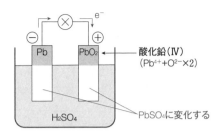

（正極）＋（負極）より，

$$Pb + PbO_2 + 2H_2SO_4 \longrightarrow 2PbSO_4 + 2H_2O$$

➡ 放電すると，電解液である希硫酸の密度が小さく（濃度が小さく）なる。

※ PbO_2 板と外部電源の正極，Pb 板と外部電源の負極を接続し，電流を流すと，逆反応が起こり，起電力が回復するため，充電できる。

---

11 a：e^-　　b：H^+　　c：$PbSO_4$　　d：二次電池（蓄電池）
e：一次電池　　f：9.6　　g：6.4　　h：増加

解説 流れた電子の物質量は，

$$\frac{1.93 \times 10^4 (C)}{9.65 \times 10^4 (C/mol)} = 0.20 (mol)$$

電子が 0.20 mol 流れると，生成する $PbSO_4$ は $0.20 \times \frac{1}{2} = 0.10 (mol)$ となる。放電によって正極は SO_2(64 g/mol) 分，負極は SO_4(96 g/mol) 分変化することを考えると，それぞれの電極の質量変化は次のようになる。

正極 $\left[\begin{array}{l} PbO_2 + SO_4^{2-} + 4H^+ + 2e^- \longrightarrow PbSO_4 + 2H_2O \\ \quad +SO_2 \qquad\qquad\qquad 0.20\ mol \qquad\qquad 0.10\ mol \end{array}\right.$

負極 $\left.\begin{array}{l} Pb + SO_4^{2-} \longrightarrow PbSO_4 + 2e^- \\ \quad +SO_4 \qquad\qquad 0.10\ mol \quad 0.20\ mol \end{array}\right.$

f：負極の質量変化は，

$$0.20 (mol) \times \frac{1}{2} \times 96 (g/mol) = 9.6 (g)\ 増加$$

SO₄ 分増加 ← 係数比

g，h：正極の質量変化は，

$$0.20 (mol) \times \frac{1}{2} \times 64 (g/mol) = 0.4 (g)\ \underset{\text{h}}{増加}$$

SO₂ 分増加 ← 係数比

Point 電池・電気分解の計算

- 電気量…電流 1 A が 1 秒流れると，1 C の電気量が発生する

  電気量〔C〕＝電流〔A〕×時間〔s〕

- ファラデー定数…電子 e^- 1 mol のもつ電気量 9.65×10^4〔C/mol〕

  ※電流の単位〔A〕＝〔C/s〕と考えて，単位計算すればよい。

  $$電子の物質量〔mol〕 = \frac{電流〔C/s〕×時間〔s〕}{ファラデー定数〔C/mol〕}$$

12 問1　$X : H_2 \longrightarrow 2H^+ + 2e^-$　$Y : O_2 + 4H^+ + 4e^- \longrightarrow 2H_2O$
問2　1.5×10^5 C

解説 問1　燃料電池の各電極で起こる反応は，以下のとおり。

正極：$\begin{cases} O_2 + 4H^+ + 4e^- \longrightarrow 2H_2O \\ H_2 \longrightarrow 2H^+ + 2e^- \end{cases} \times 2$

負極：

問2　流れた電子の物質量は，

$$\underset{H_2〔mol〕}{\frac{1.60〔g〕}{2.0〔g/mol〕}} \times 2 = 1.60〔mol〕$$

発生した電気量は，

$$1.60〔mol〕 \times 9.65 \times 10^4〔C/mol〕 = 1.54 \times 10^5 \fallingdotseq \underline{1.5 \times 10^5〔C〕}$$

Point 燃料電池

水素の燃焼反応を利用した電池

①リン酸型水素-酸素燃料電池

（電解液：**リン酸 H_3PO_4 水溶液**）

正極：O_2 極 $\begin{cases} O_2 + 4H^+ + 4e^- \longrightarrow 2H_2O \\ \end{cases}$

負極：H_2 極 $H_2 \longrightarrow 2H^+ + 2e^-$

②アルカリ型水素-酸素燃料電池

（電解液：**水酸化カリウム KOH 水溶液**）

正極：O_2 極 $O_2 + 2H_2O + 4e^- \longrightarrow 4OH^-$

負極：H_2 極 $H_2 + 2OH^- \longrightarrow 2H_2O + 2e^-$

（正極）＋（負極）×2 より，

4e^- を消去する

$$2H_2 + O_2 \longrightarrow 2H_2O$$

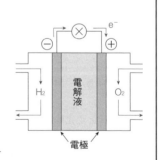

52

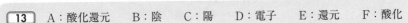

3 電気分解

13 A：酸化還元　　B：陰　　C：陽　　D：電子　　E：還元　　F：酸化

解説 A：電気分解とは，電気エネルギーを加える
ことで，通常起こりえない酸化還元反応〈A〉を起こ
す操作である。

B～F：電池の負極と接続している電極を陰極〈B〉
といい，電子〈D〉が流れ込むため還元〈E〉反応が起
こる。正極と接続している電極を陽極〈C〉といい，
電子を放出するため酸化〈F〉反応が起こる。

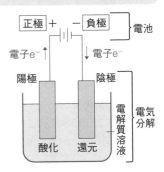

14　① 陽極：$2H_2O \longrightarrow O_2 + 4H^+ + 4e^-$　陰極：$Ag^+ + e^- \longrightarrow Ag$
　　② 陽極：$Cu \longrightarrow Cu^{2+} + 2e^-$　陰極：$Cu^{2+} + 2e^- \longrightarrow Cu$
　　③ 陽極：$2Cl^- \longrightarrow Cl_2 + 2e^-$　陰極：$Cu^{2+} + 2e^- \longrightarrow Cu$

解説　① 硝酸銀水溶液を白金電極を用いて電気分解すると，

イオン化傾向の大小を表す
↓
$$OH^- < NO_3^- \oplus \begin{cases} 2H_2O \longrightarrow O_2 + 4H^+ + 4e^- \\ H^+ > Ag^+ \ominus \end{cases} Ag^+ + e^- \longrightarrow Ag$$

② 硫酸銅（Ⅱ）水溶液を銅電極を用いて電気分解すると，

$$OH^- < SO_4^{2-} \oplus \begin{cases} Cu \longrightarrow Cu^{2+} + 2e^- \\ H^+ > Cu^{2+} \ominus \end{cases} Cu^{2+} + 2e^- \longrightarrow Cu$$　←銅板を用いると，陽極は溶解する

③ 塩化銅（Ⅱ）水溶液を炭素電極を用いて電気分解すると，

$$OH^- > Cl^- \oplus \begin{cases} 2Cl^- \longrightarrow Cl_2 + 2e^- \\ H^+ > Cu^{2+} \ominus \end{cases} Cu^{2+} + 2e^- \longrightarrow Cu$$

Point 電気分解の反応式

• **電気分解の立式**

それぞれの電極に集まるイオンのうち，**イオン化傾向の小さいほうが単体と**
└→ 陽極に陰イオン，陰極に陽イオンが集まる

なり，析出・発生する

☆陰イオンのイオン化傾向： SO_4^{2-}, $NO_3^- > OH^- > Cl^-$

注1 水の電離で生じた H^+, OH^- が電気分解されるときは，H_2O から立式する。

注2 陽極板が Pt，C 以外（Ag，Cu など）のとき，陽極板が溶解する！

第4章｜化学反応のエネルギー

例 塩化ナトリウム水溶液を，炭素電極を用いて電気分解する

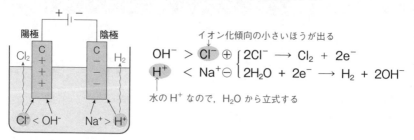

$$OH^- > Cl^- \oplus \begin{cases} 2Cl^- \longrightarrow Cl_2 + 2e^- \\ 2H_2O + 2e^- \longrightarrow H_2 + 2OH^- \end{cases}$$

イオン化傾向の小さいほうが出る

$H^+ < Na^+ \ominus$

水の H^+ なので，H_2O から立式する

陽極 陰極

$Cl^- < OH^-$ $Na^+ > H^+$

・電気分解の反応式
①硫酸銅(II)水溶液(白金電極)

$$OH^- < SO_4^{2-} \oplus \begin{cases} 2H_2O \longrightarrow O_2 + 4H^+ + 4e^- \\ \end{cases}$$
$$H^+ > Cu^{2+} \ominus \begin{cases} Cu^{2+} + 2e^- \longrightarrow Cu \end{cases}$$

注意 陽極では，水の OH^- が反応するため，H_2O から立式する。

②塩酸(炭素電極)

$$OH^- > Cl^- \oplus \begin{cases} 2Cl^- \longrightarrow Cl_2 + 2e^- \\ \end{cases}$$
$$H^+ = H^+ \ominus \begin{cases} 2H^+ + 2e^- \longrightarrow H_2 \end{cases}$$

注意 塩酸は，強酸性で H^+ 濃度が大きいため，H^+ から立式する。

③水酸化ナトリウム水溶液(白金電極)

$$OH^- = OH^- \oplus \begin{cases} 4OH^- \longrightarrow O_2 + 2H_2O + 4e^- \\ \end{cases}$$
$$H^+ < Na^+ \ominus \begin{cases} 2H_2O + 2e^- \longrightarrow H_2 + 2OH^- \end{cases}$$

注意 水酸化ナトリウム水溶液は，強塩基性で OH^- 濃度が大きいため，OH^- から立式する。

④硝酸銀水溶液(銀電極)

$$OH^- < NO_3^- \oplus \begin{cases} Ag \longrightarrow Ag^+ + e^- \\ \end{cases}$$
$$H^+ > Ag^+ \ominus \begin{cases} Ag^+ + e^- \longrightarrow Ag \end{cases}$$

注意 陽極では，銀電極を用いているため，銀が溶解する。

---

15 4.3 g

解説 硝酸銀水溶液を白金電極を用いて電気分解すると，

$$OH^- < NO_3^- \oplus \begin{cases} 2H_2O \longrightarrow O_2 + 4H^+ + 4e^- \\ \qquad\qquad 0.010\ mol \overset{\times 4}{} 0.040\ mol \end{cases}$$
$$H^+ > Ag^+ \ominus \begin{cases} Ag^+ + e^- \longrightarrow Ag \\ 0.040\ mol \quad 0.040\ mol \end{cases}$$

陽極で発生した酸素の体積より，流れた電子の物質量は，

$$\frac{0.224 〔L〕}{22.4 〔L/mol〕} \Big|_{O_2 〔mol〕} \times 4 = 0.040 〔mol〕$$

係数比

析出した銀の質量は,

$$0.040\,\underset{\substack{\text{e}^-\,[\text{mol}]\\=\text{Ag}\,[\text{mol}]}}{[\text{mol}]} \times 108\,[\text{g/mol}] = 4.32 \fallingdotseq \underline{4.3}\,[\text{g}]$$

---

16 2.0 mol

解説 硫酸銅(Ⅱ)水溶液を白金電極を用いて電気分解すると,

$$\begin{array}{l}
\text{OH}^- < \text{SO}_4{}^{2-} \oplus \left\{ 2\text{H}_2\text{O} \longrightarrow \text{O}_2 + 4\text{H}^+ + 4\text{e}^- \right.\\
\text{H}^+ > \boxed{\text{Cu}^{2+}} \ominus \left\{ \underset{4.0\,\text{mol}}{\text{Cu}^{2+}} + 2\text{e}^- \longrightarrow \underset{2.0\,\text{mol}}{\text{Cu}} \right.
\end{array}$$

$$\times \frac{1}{2}$$

流れた電子の物質量は,

$$\frac{3.86\,[\text{C/s}] \times 1.00 \times 10^5\,[\text{s}]}{9.65 \times 10^4\,[\text{C/mol}]} = 4.0\,[\text{mol}]$$

よって, 反応する銅(Ⅱ)イオンの物質量は,

$$4.0\,[\text{mol}] \times \overset{\text{係数比}}{\frac{1}{2}} = \underline{2.0}\,[\text{mol}]$$

---

17 問1 A：O_2　C：Cl_2　D：H_2　　問2　9.7×10^2 C　　問3　1.1 g
問4　56 mL

解説 問1　それぞれの電解槽で起こる反応は, 次のとおり。

硝酸銀水溶液

$$\begin{array}{l}
\text{OH}^- < \text{NO}_3{}^- \oplus \left\{ 2\text{H}_2\text{O} \longrightarrow \underset{0.0025\,\text{mol}}{\text{O}_2}_{\text{A}} + 4\text{H}^+ + 4\text{e}^- \quad \cdots\text{A} \right.\\
\phantom{\text{OH}^- < \text{NO}_3{}^- \oplus} \times \frac{1}{4} \qquad\qquad\qquad {\scriptstyle 0.010\,\text{mol}}\\
\text{H}^+ > \boxed{\text{Ag}^+} \ominus \left\{ \underset{0.010\,\text{mol}}{\text{Ag}^+} + \text{e}^- \longrightarrow \underset{0.010\,\text{mol}}{\text{Ag}} \qquad\qquad \cdots\text{B} \right.
\end{array}$$

塩化ナトリウム水溶液

$$\begin{array}{l}
\text{OH}^- > \boxed{\text{Cl}^-} \oplus \left\{ 2\text{Cl}^- \longrightarrow \underset{\text{C}}{\text{Cl}_2} + 2\text{e}^- \qquad\qquad \cdots\text{C} \right.\\
\boxed{\text{H}^+} < \text{Na}^+ \ominus \left\{ 2\text{H}_2\text{O} + 2\text{e}^- \longrightarrow \underset{\text{D}}{\text{H}_2} + 2\text{OH}^- \quad \cdots\text{D} \right.
\end{array}$$

問2　流れた電気量は,

$$0.193\,[\text{C/s}] \times (1 \times 3600 + 23 \times 60 + 20)\,[\text{s}] = 9.65 \times 10^2 \fallingdotseq \underline{9.7 \times 10^2}\,[\text{C}]$$

問3　流れた電子の物質量は,

$$\frac{965\,[\text{C}]}{9.65 \times 10^4\,[\text{C/mol}]} = 0.010\,[\text{mol}]$$

Bで析出した銀の質量は,

$$0.010\,\underset{\substack{\text{e}^-\,[\text{mol}]=\text{Ag}\,[\text{mol}]}}{[\text{mol}]} \times 108\,[\text{g/mol}] = 1.08 \fallingdotseq \underline{1.1}\,[\text{g}]$$

問4　Aから発生する酸素の体積は，

$$0.010\,[\text{mol}] \times \frac{1}{4} \underset{\substack{\uparrow \\ O_2[\text{mol}]}}{\overset{\text{係数比}}{\Big|}} \times 22.4\,[\text{L/mol}] \times \underset{\substack{\downarrow \\ [\text{L}] \to [\text{mL}]}}{10^3} = 56\,[\text{mL}]$$

18　問1　A：Cl^-　B：Cl_2　C：OH^-　D：H_2　E：H_2O
　　　問2　$2Cl^- \longrightarrow Cl_2 + 2e^-$　　問3　$2H_2O + 2e^- \longrightarrow H_2 + 2OH^-$
　　　問4　6.0×10^{21} 個

解説　問1〜3　各電極で起こる反応は，以下のとおり。

$$\begin{array}{l} OH^- > Cl^- \oplus \\ H^+ < Na^+ \ominus \end{array} \left\{ \begin{array}{l} 2Cl^- \longrightarrow Cl_2 + 2e^- \\ 2H_2O + 2e^- \longrightarrow H_2 + 2OH^- \\ \hphantom{2H_2O + 2e^-}{\small 0.010\,mol} \hphantom{\longrightarrow} {\small 0.010\,mol} \end{array} \right.$$

陽極側では，$\underset{A}{\underline{Cl^-}}$ が陽極に電子を放出し，$\underset{B}{\underline{Cl_2}}$ が発生する。また，陰極側では，$\underset{E}{\underline{H_2O}}$ が陰極から電子を受け取り，$\underset{D}{\underline{H_2}}$ が発生するとともに，溶液中に $\underset{C}{\underline{OH^-}}$ が生成する。

問4　流れた電子の物質量は，

$$\frac{5.0\,[\text{C/s}] \times (3 \times 60 + 13)\,[\text{s}]}{9.65 \times 10^4\,[\text{C/mol}]} = 0.010\,[\text{mol}]$$

よって，生成した OH^- も 0.010 mol となり，OH^- と同数の Na^+ が移動してくるため，陽イオン交換膜を通って移動する Na^+ も 0.010 mol となる。その個数は，

$$0.010\,[\text{mol}] \times 6.0 \times 10^{23}\,[\text{個/mol}] = 6.0 \times 10^{21}\,[\text{個}]$$

Point　陽イオン交換膜法（水酸化ナトリウムの工業的製法）

陽イオン交換膜を用いて塩化ナトリウム水溶液を電気分解すると，陰極側から水酸化ナトリウム NaOH が生成する。

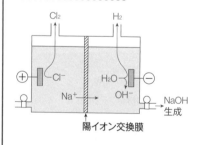

化学反応式

$$\begin{array}{l} OH^- > Cl^- \oplus \\ H^+ < Na^+ \ominus \end{array} \left\{ \begin{array}{l} 2Cl^- \longrightarrow Cl_2 + 2e^- \\ 2H_2O + 2e^- \\ \hphantom{2H_2O + 2e^-} \longrightarrow H_2 + 2OH^- \end{array} \right.$$

※陰極側に OH^- が生成するため，陽イオン交換膜を通って Na^+ が陽極側から陰極側に向かって移動し，NaOH となる。

第5章 反応の速さと平衡

1 反応速度

1 **問1** 遷移(活性化)

問2(1) $E_4 - E_1$ (2) $E_4 - E_2$ (3) $E_1 - E_2$ (4) $E_3 - E_1$

解説 **問2**(1), (2), (4) 遷移(活性化)状態と反応物のエネルギー差が活性化エネルギーとなる。

(3) 生成物と反応物のエネルギー差が反応エンタルピーとなる。逆反応は発熱反応であり，反応エンタルピーの値は，$-(E_2 - E_1) = \underline{E_1 - E_2}(<0)$と表される。

> **Point** **化学反応のエネルギー**
>
> ・遷移(活性化)状態…化学反応が起こるときに経るエネルギーの高い状態
> ・活性化エネルギー…化学反応を起こすために必要なエネルギー
>   ➡ 遷移(活性化)状態と反応前の状態のエネルギー差
> ・触媒…自身は変化しないが，化学反応の反応速度を大きくする物質
>   ➡ 反応の活性化エネルギーを下げる
>
> **例** $H_2 + I_2 \underset{\text{逆反応}}{\overset{\text{正反応}}{\rightleftharpoons}} 2HI$
>
>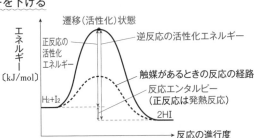

---

2 ア：① イ：③ ウ：⑥

解説 ア，イ：反応物の濃度を<u>高く</u>(ア)すると，分子どうしの<u>衝突頻度</u>(イ)が大きくなり，反応速度が大きくなる。

ウ：温度を上げると，<u>活性化エネルギーを超える運動エネルギーをもつ分子の割合</u>が増えるため，反応速度が大きくなる。

> **Point** **反応速度を上げる要因**
>
> ①濃度を高くする
>   ➡分子どうしの衝突回数が増えるため
> ②温度を高くする
>   ➡活性化エネルギーを超える運動エネルギーをもつ分子の割合が増加するため
>
>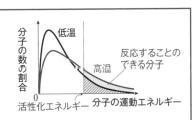

第5章 反応の速さと平衡

③触媒を加える

➡反応の活性化エネルギーが低下するため

3 ア：$v = k[\mathrm{A}]^2[\mathrm{B}]$　イ：0.12

解説 表の数値は上から順に**実験1，2，3，4，5**の結果を示すものとする。また，反応速度式を $v = k[\mathrm{A}]^x[\mathrm{B}]^y$ とおく。

ア：**実験1，2**を比べたとき，$[\mathrm{B}]_0$ を一定に保ち $[\mathrm{A}]_0$ を2倍にすると，v_0 が4倍になるため，$x = 2$ と決まる。

　　実験1，4を比べたとき，$[\mathrm{A}]_0$ を一定に保ち $[\mathrm{B}]_0$ を2倍にすると，v_0 が2倍になるため，$y = 1$ と決まる。

　　以上より，反応速度式は，$v = k[\mathrm{A}]^2[\mathrm{B}]$ となる。

イ：**実験4**の数値を代入すると，

$$3.0 \times 10^{-2} = k \times 0.50^2 \times 1.00 \qquad k = 0.12\,[\mathrm{L}^2/(\mathrm{mol}^2 \cdot \mathrm{s})]$$

　　※どの実験の数値を用いても同じ答えが得られる。

Point はんのうそくどしき
反応速度式

反応速度と濃度の関係を表した式

　一般に，$a\mathrm{A} + b\mathrm{B} \longrightarrow c\mathrm{C}$（$a \sim c$ は係数）の反応において，反応速度式は，

$$v = k[\mathrm{A}]^x[\mathrm{B}]^y$$

と表され，k を（反応）速度定数という。

注意 x, y の値は，反応ごとに決まる定数であり，実験することで求めることができる（平衡になる反応では，x, y は係数 a, b と一致する）。

---

4 問1　$0.050\,\mathrm{mol}/(\mathrm{L} \cdot \text{分})$　　問2　$0.030\,\mathrm{mol}$　　問3　4倍

解説 問1　グラフより，2分および8分における過酸化水素濃度は，$0.55\,\mathrm{mol/L}$，$0.25\,\mathrm{mol/L}$ と読み取ることができる。2分から8分における平均分解速度は，

$$v = -\frac{0.25 - 0.55\,[\mathrm{mol/L}]}{8 - 2\,[\text{分}]} = 0.050\,[\mathrm{mol}/(\mathrm{L} \cdot \text{分})]$$

問2　グラフより，10分における過酸化水素濃度は，$0.20\,\mathrm{mol/L}$ と読み取ることができる。過酸化水素の分解反応より，

$$2\mathrm{H_2O_2} \longrightarrow 2\mathrm{H_2O} + \mathrm{O_2}$$

$\times \dfrac{1}{2}$

10分間で発生した酸素は，分解した過酸化水素の $\dfrac{1}{2}$ 倍なので，

$$(0.80 - 0.20)\,[\mathrm{mol/L}] \times \frac{100}{1000}\,[\mathrm{L}] \underset{\text{10分間で消費された }\mathrm{H_2O_2}\,[\mathrm{mol}]}{\Big|} \times \underset{\text{係数比}}{\frac{1}{2}} = 0.030\,[\mathrm{mol}]$$

問3 反応速度は 10℃ 上がるごとに 2 倍になることから，30℃ から 50℃ に上げると，反応速度は，

$$30℃ \xrightarrow{×2} 40℃ \xrightarrow{×2} 50℃$$

$2^2 = \underline{4\ 倍}$ となる。

Point ■ **反応速度の定義**

• **反応速度**…単位時間あたりの物質の変化量

$$反応速度 = \frac{濃度変化}{時間変化}$$

例 A $\longrightarrow$ 2B の反応において，時間 t_1，t_2 における A の濃度を $[A]_1$，$[A]_2$ とすると，反応速度 v は，

$$v = -\frac{\Delta[A]}{\Delta t} = -\frac{[A]_2 - [A]_1}{t_2 - t_1}$$

※反応物の濃度は減少するので，「−」をつける必要がある。
※反応速度の単位は時間によって，mol/(L·min)，mol/(L·s) などと決まる。

---

5 **問1** $2H_2O_2 \longrightarrow 2H_2O + O_2$ **問2** 0.12 mol/(L·min)
問3 0.24/min

解説 **問2** 1〜3 min における平均分解速度は，

$$v = -\frac{0.38 - 0.62\,(mol/L)}{3-1\,(min)} = \underline{0.12\,(mol/(L·min))}$$

問3 1〜3 min における平均濃度は，

$$\frac{0.62 + 0.38\,(mol/L)}{2} = 0.50\,(mol/L)$$

過酸化水素の分解速度はその濃度に比例することから，反応速度定数を k とすると，$v = k[H_2O_2]$ と表される。平均分解速度と平均濃度を代入すると，

$$0.12\,(mol/(L·min)) = k \times 0.50\,(mol/L)$$

$$k = \frac{0.12\,(mol/(L·min))}{0.50\,(mol/L)} = \underline{0.24\,(/min)}$$

---

2 化学平衡

6 **問1** ア：平衡状態 イ：可逆 ウ：C エ：見かけ上 **問2** ⓑ

解説 **問1** 可逆ᵢ反応において，容器内に反応物を入れて放置すると，右向きの反応（正反応）と左向きの反応（逆反応）の反応速度が等しくなり，平衡状態ᵧとなる。

図 2 において，A が右向きの反応（正反応）の反応速度 v_1，Cᵤが左向きの反応（逆反応）の反応速度 v_2 であり，B は見かけ上ᵤの反応速度 $v_1 - v_2$ となる。

問2 平衡状態では，右向きの反応（正反応）の反応速度 v_1 と左向きの反応（逆反応）の反応速度 v_2 が等しくなるため $v_1 = v_2$ となる。よって，見かけ上の反応速度は，

$$v_1 - v_2 = 0$$

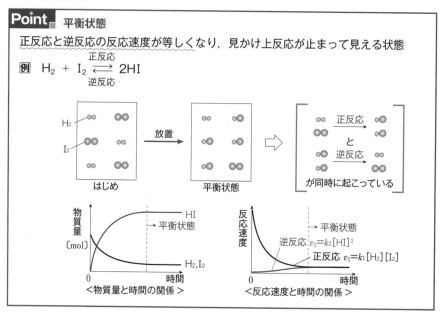

Point 平衡状態

正反応と逆反応の反応速度が等しくなり，見かけ上反応が止まって見える状態

例 $H_2 + I_2 \rightleftarrows 2HI$

正反応
逆反応

---

7 1：0.20　　2：0.10　　3：0.10　　4：0.25

解説 反応前後の物質量の関係をまとめると，次のようになる。

$$2XY \rightleftarrows X_2 + Y_2$$

	2XY	X₂	Y₂	
反応前	2.0	0	0	〔mol〕
反応量	−1.0	+0.50	+0.50	←─ 反応量は，反応式の係数と比例
平　衡	1.0	0.50	0.50	

平衡状態における濃度は，

$$[XY] = \frac{1.0〔mol〕}{5.0〔L〕} = \underline{0.20}_1 〔mol/L〕$$

$$[X_2] = [Y_2] = \frac{0.50〔mol〕}{5.0〔L〕} = \underline{0.10}_{2,3} 〔mol/L〕$$

平衡定数は，

$$K = \frac{[X_2][Y_2]}{[XY]^2} = \frac{0.10 \times 0.10}{0.20^2} = \underline{0.25}_4$$

K の単位は，反応によって変わる！
この反応では，$\dfrac{(mol/L)^2}{(mol/L)^2}$ となるため，単位はない！

- **化学平衡の法則**…平衡状態では，平衡定数 K の値は一定となる
- **平衡定数**…平衡状態において一定となる定数

例 $a\mathrm{A} + b\mathrm{B} \rightleftarrows c\mathrm{C} + d\mathrm{D}$　（$a \sim d$ は係数）

$$K = \frac{[\mathrm{C}]^c [\mathrm{D}]^d}{[\mathrm{A}]^a [\mathrm{B}]^b} = (一定)$$

※ K は，**温度によってのみ変化する定数**。

※ K の単位は，反応によって変わる。

8 　二酸化窒素の濃度：0.060 mol/L　　酸素の濃度：0.070 mol/L
平衡定数：$32\,(\mathrm{mol/L})^{-1}$

解説 平衡状態における一酸化窒素の物質量は，

$0.040\,[\mathrm{mol/L}] \times 1.0\,[\mathrm{L}] = 0.040\,[\mathrm{mol}]$

反応前後の物質量の関係をまとめると，次のようになる。

	$2\mathrm{NO}$	$+$	O_2	$\rightleftarrows$	$2\mathrm{NO}_2$	
反応前	0.100		0.100		0	[mol]
反応量	-0.060		-0.030		$+0.060$	← 反応量は，反応式の係数と比例
平　衡	0.040		0.070		0.060	

平衡状態における濃度は，

$$[\mathrm{NO}_2] = \frac{0.060\,[\mathrm{mol}]}{1.0\,[\mathrm{L}]} = \underline{0.060\,[\mathrm{mol/L}]}$$

$$[\mathrm{O}_2] = \frac{0.070\,[\mathrm{mol}]}{1.0\,[\mathrm{L}]} = \underline{0.070\,[\mathrm{mol/L}]}$$

平衡定数は，

$$K = \frac{[\mathrm{NO}_2]^2}{[\mathrm{NO}]^2 [\mathrm{O}_2]} = \frac{0.060^2}{0.040^2 \times 0.070} = 32.1 \doteqdot \underline{32\,[(\mathrm{mol/L})^{-1}]}$$

単位は，$\dfrac{(\mathrm{mol/L})^2}{(\mathrm{mol/L})^3}$ $= \mathrm{L/mol}$ となる

9 　0.17 mol

解説 平衡状態における一酸化炭素の物質量を $x\,[\mathrm{mol}]$ とおく。反応前後の物質量の関係をまとめると，次のようになる。

	CO_2	$+$	H_2	$\rightleftarrows$	CO	$+$	$\mathrm{H}_2\mathrm{O}$	
反応前	1.0		1.0		0		0	[mol]
反応量	$-x$		$-x$		$+x$		$+x$	
平　衡	$1.0-x$		$1.0-x$		x		x	

容器の体積を $V\,[\mathrm{L}]$ とすると，平衡定数は，次のように計算できる。

$$K = \frac{[\mathrm{CO}][\mathrm{H}_2\mathrm{O}]}{[\mathrm{CO}_2][\mathrm{H}_2]} = \frac{\left(\dfrac{x}{V}\right)\left(\dfrac{x}{V}\right)}{\left(\dfrac{1.0-x}{V}\right)\left(\dfrac{1.0-x}{V}\right)} = \left(\frac{x}{1.0-x}\right)^2 = 0.040$$

両辺の平方根をとると，

$$\frac{x}{1.0-x}=0.20 \qquad x=\frac{1}{6}=0.166=\underline{0.17}〔\mathrm{mol}〕$$

> $x>0$，$1.0-x>0$ であるため，「＋」の値のみ計算すればよい！

---

10 ㋐

解説 $\underset{4分子（圧力高い）}{N_2（気）+3H_2（気）} \rightleftarrows \underset{2分子（圧力低い）}{2NH_3（気）} \qquad \Delta H=-92\ \mathrm{kJ}$

㋐ N_2 を増やすと，N_2 を減らそうとするため，右に平衡が移動する。

㋑ H_2 を減らすと，H_2 を増やそうとするため，左に平衡が移動する。

㋒ 圧力を下げると，圧力を上げようとするため，気体の分子数の多い左に平衡が移動する。（圧力は気体の分子数で考える。）

㋓ 右向きの反応が発熱反応である。温度を上げると，温度を下げようとするため，吸熱方向である左に平衡が移動する。

㋔ 触媒を加えても，平衡は移動しない。

よって，アンモニアの生成量が増えるのは，右に平衡が移動する㋐である。

Point 平衡の移動

- 平衡の移動…反応が平衡状態にあるとき，その条件（温度・圧力など）を変化させると，正逆どちらかの反応が進んで，新たな平衡状態になる
- ルシャトリエの原理（平衡移動の原理）…ある平衡状態の条件を変えると，その影響を緩和する方向に平衡が移動する

例 $N_2+3H_2 \rightleftarrows 2NH_3 \qquad \Delta H=\boxed{-92\ \mathrm{kJ}}$ 発熱

平衡状態　→（冷却する／温めよう！（発熱方向に反応が進む））→　新しい平衡状態　　平衡が右に移動

---

11 (1) (a) ① (b) ② (2) (a) ① (b) ③ (3) (a) ③ (b) ①

解説 (1) (a) 水酸化ナトリウム NaOH を加えると，H^+ が中和されてなくなる。

$$H^+ + OH^- \longrightarrow H_2O$$

よって，H^+ を増やそうとするため，右に平衡が移動する。

(b) 酢酸ナトリウム CH_3COONa は，水溶液中で次のように電離して存在する。

$$CH_3COONa \longrightarrow CH_3COO^- + Na^+$$

よって，酢酸ナトリウムを加えると，CH_3COO^- が増え，CH_3COO^- を減らそうとするため，左に平衡が移動する。

(2) (a) 圧力を高くすると，<u>圧力を下げよう</u>とするため，気体の分子数の少ない<u>右</u>に平衡が移動する。

  (b) 触媒を加えても，平衡は<u>移動しない</u>。

(3) (a) 圧力を高くすると，<u>圧力を下げよう</u>とするが，両辺の気体分子の数が変わらないため，<u>平衡は移動しない</u>。

  (b) 右向きの反応が吸熱反応である。温度を上げると，<u>温度を下げよう</u>とするため，吸熱方向である<u>右</u>に平衡が移動する。

---

3 電離平衡・溶解度積

12 a：$c\alpha$　　b：c　　c：$c\alpha^2$　　d：$\sqrt{cK_a}$

e：$-\log_{10}\sqrt{cK_a}\left(\text{または}-\dfrac{1}{2}\log_{10}(cK_a)\right)$

解説 $c\,[\mathrm{mol/L}]$の酢酸の電離度をαとすると，平衡状態における濃度は，

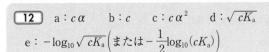

$$\mathrm{CH_3COOH} \rightleftharpoons \mathrm{CH_3COO^-} + \mathrm{H^+}$$

反応前	c	0	0 〔mol/L〕
反応量	$-c\alpha$	$+c\alpha$	$+c\alpha$
平衡	$c(1-\alpha)$	$\underline{c\alpha}_{\text{a}}$	$c\alpha$

αは1よりも十分に小さいため，<u>$1-\alpha \fallingdotseq 1$</u>と近似すると，

$$[\mathrm{CH_3COOH}] = c(1-\alpha) \fallingdotseq \underline{c}_{\text{b}}\,[\mathrm{mol/L}]$$

電離定数K_aは，

$$K_a = \frac{[\mathrm{CH_3COO^-}][\mathrm{H^+}]}{[\mathrm{CH_3COOH}]} = \frac{c\alpha \times c\alpha}{c} = \underline{c\alpha^2}_{\text{c}} \qquad \alpha = \sqrt{\frac{K_a}{c}}$$

水素イオン濃度$[\mathrm{H^+}]$は，

$$[\mathrm{H^+}] = c\alpha = c \times \sqrt{\frac{K_a}{c}} = \underline{\sqrt{cK_a}}_{\text{d}}$$

よって，pHは，

$$\mathrm{pH} = -\log_{10}[\mathrm{H^+}] = \underline{-\log_{10}\sqrt{cK_a}}_{\text{e}}$$

Point 電離平衡

• 電離平衡…弱電解質の一部が電離し平衡状態になること

例 酢酸の電離　$\mathrm{CH_3COOH} \rightleftharpoons \mathrm{CH_3COO^-} + \mathrm{H^+}$

• 電離定数…電離平衡における平衡定数

例 酢酸の電離　$\mathrm{CH_3COOH} \rightleftharpoons \mathrm{CH_3COO^-} + \mathrm{H^+}$ の電離定数K_a

$$K_a = \frac{[\mathrm{CH_3COO^-}][\mathrm{H^+}]}{[\mathrm{CH_3COOH}]}$$

注意 水溶液中の反応では，水の濃度$[\mathrm{H_2O}]$は一定に保たれるので，$[\mathrm{H_2O}]$は電離定数の式の中には含めない。

13 問1 0.014 問2 2.9

解説 ※導出過程は前問 **12** を参照。

問1 $\alpha = \sqrt{\dfrac{K_a}{c}} = \sqrt{\dfrac{2.0 \times 10^{-5}}{0.10}} = 1.41 \times 10^{-2} \fallingdotseq \underline{1.4 \times 10^{-2}}$

問2 $[H^+] = \sqrt{cK_a} = \sqrt{0.10 \times 2.0 \times 10^{-5}} = 1.4 \times 10^{-3}\,[\text{mol/L}]$

$pH = -\log_{10}(1.4 \times 10^{-3}) = 3 - \log_{10}1.4 = 3 - 0.15 = 2.85 \fallingdotseq \underline{2.9}$

14 1：左　　2：H^+　　3：CH_3COO^-　　4：CH_3COOH　　5：OH^-
6：右　　7：緩衝液

解説 1〜4：塩酸は，溶液中で次のように電離し，$\underline{H^+}_2$ を生じる。

$HCl \longrightarrow H^+ + Cl^-$

H^+ の濃度が増加すると，平衡が $\underline{左}_1$ に移動し，H^+ は $\underline{CH_3COO^-}_3$ と結合して $\underline{CH_3COOH}_4$ に変化するため，溶液中の H^+ 濃度はほとんど変わらない。

5，6：水酸化ナトリウムは，溶液中で次のように電離し，$\underline{OH^-}_5$ を生じる。

$NaOH \longrightarrow Na^+ + OH^-$

OH^- が H^+ と中和し，H^+ 濃度が減少すると，平衡が $\underline{右}_6$ に移動し，新たに H^+ を生じるため，溶液中の H^+ 濃度はほとんど変わらない。

7：このように，酸や塩基を加えても pH 変化の小さい溶液を$\underline{緩衝液}$という。

Point 緩衝液（かんしょうえき）

少量の酸や塩基を加えても pH があまり変化しない溶液

組成：**弱酸**（または**弱塩基**）と**その塩**の混合溶液

例　CH_3COOH と CH_3COONa の混合溶液

※**緩衝液の原理**

酢酸 CH_3COOH と酢酸ナトリウム CH_3COONa（溶液中で CH_3COO^- と Na^+ に電離）を混合すると，次の平衡が成り立つ。

$CH_3COOH \rightleftharpoons CH_3COO^- + H^+$ …*

酸（H^+）を加えると，*の平衡が左に移動する。

塩基（OH^-）を加えると，*の平衡が右に移動する（OH^- と中和して H^+ がなくなる）。

➡ 水溶液中の水素イオン濃度$[H^+]$があまり変化しない（このはたらきを緩衝作用という）

15 5.4×10^{-5} mol/L

解説 溶液中の酢酸と酢酸ナトリウムの物質量は,

$CH_3COOH : 0.30 [mol/L] \times 0.20 [L] = 0.060 [mol]$

$CH_3COONa (= CH_3COO^-) : 0.30 [mol/L] \times 0.10 [L] = 0.030 [mol]$

$K_a = \dfrac{[CH_3COO^-][H^+]}{[CH_3COOH]}$ を変形すると,

$$[H^+] = \frac{[CH_3COOH]}{[CH_3COO^-]} K_a = \frac{\overbrace{0.060 [mol]}^{CH_3COOH [mol]}}{\underbrace{0.030 [mol]}_{CH_3COONa [mol]}} \times 2.7 \times 10^{-5} [mol/L] = \underline{5.4 \times 10^{-5}} [mol/L]$$

Point 緩衝液の計算

CH_3COOH に CH_3COO^- を加えた緩衝液では, p.64 の **Point** の平衡が大きく左に移動するため, 弱酸の電離を無視して考えることができる

➡ 電離定数 K_a の式を変形し, 酢酸と酢酸ナトリウムの濃度を代入すればよい

$$K_a = \frac{[CH_3COO^-][H^+]}{[CH_3COOH]} \quad \Longrightarrow \quad [H^+] = \frac{[CH_3COOH]}{[CH_3COO^-]} K_a$$

$[CH_3COOH] = c_a$, $[CH_3COO^-] = [CH_3COONa] = c_s$ を代入すると,

$$[H^+] = \frac{c_a}{c_s} K_a$$

☆混合溶液中では同じ体積なので, $\dfrac{c_a}{c_s}$ の値は, 弱酸と塩の物質量またはモル比を代入するだけで算出できる。

---

16 問1 1.8×10^{-10} 問2 イ:左 ウ:増加 エ:右 オ:減少
問3 共通イオン効果

解説 問1 溶液中のイオン濃度は, $[Ag^+] = [Cl^-] = 1.33 \times 10^{-5} [mol/L]$ となる。

$$AgCl(固) \rightleftharpoons \underset{1.33 \times 10^{-5}}{Ag^+} + \underset{1.33 \times 10^{-5}}{Cl^-} \quad [mol/L]$$

よって, 飽和溶液中では溶解平衡であるため, 溶解度積の値は,

$$K_{sp} = [Ag^+][Cl^-] = (1.33 \times 10^{-5}) \times (1.33 \times 10^{-5})$$
$$= 1.76 \times 10^{-10} \fallingdotseq \underline{1.8 \times 10^{-10}} [(mol/L)^2]$$

問2 イ, ウ, 問3 NaCl は, 溶液中で次のように電離する。

$$NaCl \longrightarrow Na^+ + Cl^-$$

NaCl を加えると, Cl^- の濃度が増加するため, 式(1)の平衡は左ィに移動し, AgCl 沈殿の量が増加ゥする。この現象を共通イオン効果問3という。

問2 エ, オ:AgCl の沈殿を含む飽和溶液にアンモニア水を加えると, 次の反応が起こり, ジアンミン銀(I)イオンが生成する。(➡ p.79)

$$AgCl + 2NH_3 \longrightarrow [Ag(NH_3)_2]^+ + Cl^-$$

よって，AgCl 沈殿が減少するため，式(1)の平衡は右$_エ$に移動し，AgCl 沈殿の量が減少$_オ$する。

Point 溶解度積

- **溶解平衡**…飽和溶液において，沈殿の溶解と析出の速度が等しくなる状態

例 AgCl（固）$\underset{沈殿の析出}{\overset{沈殿の溶解}{\rightleftarrows}}$ Ag$^+$ ＋ Cl$^-$ この2つの速度が等しい

- **溶解度積**…溶解平衡における平衡定数

例 塩化銀の溶解平衡 AgCl（固）$\rightleftarrows$ Ag$^+$ ＋ Cl$^-$ の溶解度積

$$K_{sp} = [Ag^+][Cl^-]$$

※一般に，A$_m$B$_n$（固）$\rightleftarrows$ mA^{n+} ＋ nB^{m-} において，溶解度積は，

$$K_{sp} = [A^{n+}]^m[B^{m-}]^n \quad となる。$$

➡沈殿が存在するとき，溶液中のイオンについて溶解度積の関係が成立する

- **共通イオン効果**…ある電解質の水溶液に，共通のイオンを加えると，元の物質の電離度や溶解度が減少する現象

例 塩化銀飽和水溶液に塩化水素を吹き込むと，塩化銀の溶解度が減少する。
塩化水素 HCl の電離で生じた Cl$^-$ の濃度が増加するため，

AgCl（固）$\rightleftarrows$ Ag$^+$ ＋ Cl$^-$

の平衡が左に移動し，AgCl（固）の溶解度が減少する。

---

17 問1 ア：塩化物 イ：AgCl ウ：Ag$_2$CrO$_4$ 問2 2.0×10^{-7} mol/L
問3 1.0×10^{-4} mol/L

解説 塩化ナトリウム NaCl とクロム酸カリウム K$_2$CrO$_4$ は水溶液中で完全に電離し，また，Na$^+$ と K$^+$ は沈殿をつくらないため，Cl$^-$ と CrO$_4^{2-}$ のみを考える。

それぞれの沈殿が生じ始めるときの銀イオンの濃度を求める。

AgCl が沈殿し始めるとき，

$$K_{sp} = [Ag^+][Cl^-] = [Ag^+] \times 9.0 \times 10^{-4} = 1.8 \times 10^{-10}$$

$[Ag^+] = 2.0 \times 10^{-7} [mol/L]_{問2}$ となる。

Ag$_2$CrO$_4$ が沈殿し始めるとき，

$$K_{sp} = [Ag^+]^2[CrO_4^{2-}] = [Ag^+]^2 \times 9.0 \times 10^{-4} = 9.0 \times 10^{-12}$$

$[Ag^+] = 1.0 \times 10^{-4} [mol/L]_{問3}$ となる。

よって，AgCl のほうが Ag$_2$CrO$_4$ よりも低い Ag$^+$ 濃度で沈殿するため，AgCl$_イ$ が先に沈殿し，Ag$_2$CrO$_4$$_ウ$ が沈殿し始めるときには AgCl はほぼすべて沈殿している。

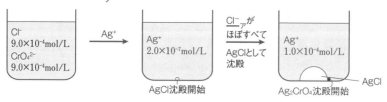

66

第6章 無機物質

1 非金属元素①（17族，16族元素）

1 ア：淡黄　イ：フッ素　ウ：赤褐　エ：臭素　オ：黒紫　カ：ヨウ素

解説 カ：ハロゲン単体で最も沸点が高いのは，分子量の最も大きいヨウ素である。

Point ハロゲンの単体

	フッ素 F_2	塩素 Cl_2	臭素 Br_2	ヨウ素 I_2
状態	気体	気体	液体	固体
色	淡黄色	黄緑色	赤褐色	黒紫色

・単体の酸化力 ➡ $F_2 > Cl_2 > Br_2 > I_2$

　例　臭化カリウム水溶液に塩素を吹き込むと，臭素 Br_2 が遊離

$$2K\underset{-1}{Br} + Cl_2 \longrightarrow 2KCl + \underset{0}{Br_2}$$

（酸化）　➡　Cl_2 が Br^- を酸化する

---

2 問1　a：赤褐　b：液　c：高い　d：フッ化カルシウム（ホタル石）
問2　①　問3　(1) AgCl：白色　AgI：黄色　(2) AgF

解説 問1　c：ハロゲンの単体の沸点は，原子番号が大きいほど，分子量が大きく，ファンデルワールス力が強くはたらくため高い。

問2　フッ化水素酸はガラスの成分である SiO_2 と反応するため，ガラスびんに保存することはできない。

Point ハロゲン化水素

・**ハロゲン化水素**（HF，HCl，HBr，HI ）
　　すべて無色の気体であり，水溶液は酸性を示す。下方置換で捕集する
・**フッ化水素 HF**
　製法　フッ化カルシウム（ホタル石）に濃硫酸を加えて加熱する
　　　　$CaF_2 + H_2SO_4 \longrightarrow CaSO_4 + 2HF$
　性質　①水溶液は弱酸性を示す　➡　分子間に水素結合を形成するため
　②水溶液はガラス（主成分：二酸化ケイ素 SiO_2）を溶かす
　　　　$SiO_2 + 6HF \longrightarrow H_2SiF_6 + 2H_2O$
　※フッ化水素酸（HF の水溶液）はポリエチレン製の容器に保存する。
・**塩化水素 HCl**
　製法　塩化ナトリウムに濃硫酸を加えて加熱する
　　　　$NaCl + H_2SO_4 \longrightarrow NaHSO_4 + HCl$
　性質　水溶液（塩酸）は強酸性を示す

	フッ化銀 AgF	塩化銀 AgCl	臭化銀 AgBr	ヨウ化銀 AgI
水への溶解性	可溶	難溶	難溶	難溶
沈殿の色		白色	淡黄色	黄色

- 感光性…AgCl，AgBr の沈殿に光を当てると，銀が遊離

$$2AgCl \longrightarrow 2Ag + Cl_2$$

※ AgCl，AgBr，AgI の沈殿は，チオ硫酸ナトリウム水溶液に溶ける。

※ AgCl の沈殿は，アンモニア水に溶ける。

---

3 問1　ア：塩化水素　イ：水蒸気　ウ：下方　エ：褐

　　a，b：HCl，HClO（順不同）

問2　黄緑色　　問3　$MnO_2 + 4HCl \longrightarrow MnCl_2 + Cl_2 + 2H_2O$

問4　$2I^- + Cl_2 \longrightarrow 2Cl^- + I_2$

解説 問1　a，b：塩素が水に溶けると，塩化水素と次亜塩素酸が生じる。

$$Cl_2 + H_2O \rightleftharpoons \underline{HCl} + \underline{HClO}$$

問1エ，問4　ヨウ化カリウム水溶液に塩素を吹き込むと，ヨウ化物イオンが酸化され

ヨウ素が遊離し，$\underline{褐}_{エ}$色の水溶液となる。（$\underline{2I^- + Cl_2 \longrightarrow 2Cl^- + I_2}_{問4}$）

Point	塩素 Cl₂

製法　酸化マンガン(Ⅳ)に濃塩酸を加えて加熱する

$$MnO_2 + 4HCl \longrightarrow MnCl_2 + Cl_2 + 2H_2O$$

※発生した塩素 Cl_2 は，不純物として塩化水素 HCl と水蒸気 H_2O を含む。

➡　HCl を除去するために水に通した後，水蒸気を除去するために濃硫酸に

通す

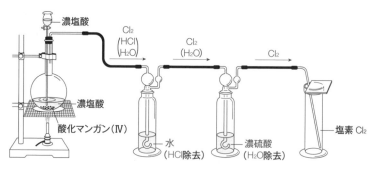

性質　① 黄緑色・刺激臭の気体で，下方置換で捕集する

② 酸化作用があるため，ヨウ化カリウムデンプン紙を青変する

③ 水に溶かすと，塩化水素 HCl と次亜塩素酸 HClO が生成する

$$Cl_2 + H_2O \rightleftharpoons HCl + HClO$$

4 　1：同素体　　2：紫外　　3：フロン　　4：無声放電　　5：酸化
　6：青

解説 1：オゾン O_3 は酸素 O_2 の<u>同素体</u>である。

2，3：オゾンは有害な<u>紫外線</u>$_2$を吸収するが，冷媒などに用いられていた<u>フロン</u>$_3$によるオゾン層破壊が環境問題となった。

Point　オゾン O_3

製法　酸素の無声放電で生成する

$$3O_2 \longrightarrow 2O_3$$

性質　① 淡青色・特異臭の気体

② 酸化作用があるため，ヨウ化カリウムデンプン紙を青変する

③ 有害な紫外線を吸収する

5 　問1　ア：腐卵　イ：硫化水素　ウ：還元　エ：酸化　オ：三酸化硫黄
　問2　SO_2　　問3　$2H_2S + SO_2 \longrightarrow 3S + 2H_2O$　　問4　接触法

解説 問1　ウ：ヨウ素と硫化水素を反応させると，Sの酸化数が -2 から 0 に増加するため，H_2S は酸化されているとわかる。よって，H_2S は<u>還元性</u>をもつ。

$$\underset{-2}{H_2S} + I_2 \underset{酸化}{\longrightarrow} \underset{0}{S} + 2HI$$

Point　硫黄化合物

• **硫化水素** H_2S

製法　硫化鉄（Ⅱ）に希硫酸（または希塩酸）を加える

$$FeS + H_2SO_4 \longrightarrow FeSO_4 + H_2S$$

性質　① 無色・腐卵臭の気体で，下方置換で捕集する

② 還元作用がある

③ さまざまな金属イオンと沈殿をつくる（➡ p.79）

• **二酸化硫黄** SO_2

製法　銅に濃硫酸を加えて加熱する

$$Cu + 2H_2SO_4 \longrightarrow CuSO_4 + SO_2 + 2H_2O$$

性質　① 無色・刺激臭の気体で，下方置換で捕集する

② 還元作用，漂白作用がある

※硫化水素と二酸化硫黄を混合すると，硫黄が生じ，白濁する。

$$2H_2S + SO_2 \longrightarrow 3S + 2H_2O$$

➡　この反応では，二酸化硫黄は酸化剤としてはたらく

硫酸の工業的製法　名称　接触法

Step 1　硫黄を完全燃焼し，二酸化硫黄 SO_2 を得る

$$S + O_2 \longrightarrow SO_2$$

Step 2　二酸化硫黄を酸化バナジウム(V)を触媒として酸化し，三酸化硫黄 SO_3 を得る

$$2SO_2 + O_2 \longrightarrow 2SO_3$$

Step 3　三酸化硫黄を濃硫酸に吸収させ，発煙硫酸とし，それを希硫酸と混合して濃硫酸を得る

$$SO_3 + H_2O \longrightarrow H_2SO_4$$

6　問1　① (a)　② (c)　③ (b)　④ (d)

　　問2　① $NaCl + H_2SO_4 \longrightarrow NaHSO_4 + HCl$

　　　　② $Cu + 2H_2SO_4 \longrightarrow CuSO_4 + SO_2 + 2H_2O$

　　　　③ $H_2SO_4 + 2NaOH \longrightarrow Na_2SO_4 + 2H_2O$

　　　　④ $C_6H_{12}O_6 \longrightarrow 6C + 6H_2O$

解説　問1　①　塩酸は，揮発性の酸であるため，その塩である塩化ナトリウム $NaCl$ に，不揮発性の酸である濃硫酸 H_2SO_4 を加えて加熱すると，塩化水素 HCl が遊離する。

②　濃硫酸は酸化作用があるため，銅 Cu を酸化し Cu^{2+} として溶かすことができる。

Point　**硫酸の性質(①希硫酸，②～⑤濃硫酸)**

①強酸性

　　例　希硫酸に水酸化ナトリウム水溶液を加えると，中和反応が起こる

　　　$H_2SO_4 + 2NaOH \longrightarrow Na_2SO_4 + 2H_2O$

②不揮発性…水溶液中の溶質が気体にならず，飛散しない

　　例　塩化ナトリウムに濃硫酸を加え加熱する

　　　$\underset{\substack{揮発性の\\酸の塩}}{NaCl} + \underset{\substack{不揮発性\\の酸}}{H_2SO_4} \longrightarrow \underset{\substack{不揮発性の\\酸の塩}}{NaHSO_4} + \underset{\substack{揮発性\\の酸}}{HCl}$

③脱水作用…他分子から H_2O を取り外す

　　例　グルコースに濃硫酸を加える

　　　$C_6H_{12}O_6 \longrightarrow 6C + 6H_2O$

④吸湿作用…混合物として含まれる水蒸気を取り除く

　　➡　酸性乾燥剤として利用

⑤酸化作用

　　例　銅に濃硫酸を加えて加熱する

　　　$\underset{0}{Cu} + 2H_2SO_4 \longrightarrow \underset{+2}{CuSO_4} + SO_2 + 2H_2O$

　　　　　　　酸化

2 非金属元素②（15族，14族元素）

> **7** 問1 $2NO + O_2 \longrightarrow 2NO_2$
> 問2 $Cu + 4HNO_3 \longrightarrow Cu(NO_3)_2 + 2NO_2 + 2H_2O$
> 問3 ① 水上置換 ② 下方置換 問4 不動態

解説 窒素酸化物については，次のものを覚えておこう。

Point 窒素酸化物

- **一酸化窒素 NO**
  製法 銅に希硝酸を加える
  $$3Cu + 8HNO_3 \longrightarrow 3Cu(NO_3)_2 + 2NO + 4H_2O$$
  性質 ① 無色・無臭の気体で，水上置換で捕集する
  ② 空気に触れると，酸化され，赤褐色の二酸化窒素に変化する
  $$2NO + O_2 \longrightarrow 2NO_2$$
- **二酸化窒素 NO₂**
  製法 銅に濃硝酸を加える
  $$Cu + 4HNO_3 \longrightarrow Cu(NO_3)_2 + 2NO_2 + 2H_2O$$
  性質 赤褐色・刺激臭の気体で，下方置換で捕集する
- **不動態**…濃硝酸に Al，Fe，Ni を加えると，表面に緻密な酸化被膜を形成し，溶けない状態となる

> **8** 問1 $4NH_3 + 5O_2 \longrightarrow 4NO + 6H_2O$
> 問2 $3NO_2 + H_2O \longrightarrow 2HNO_3 + NO$
> 問3 ハーバー・ボッシュ法 問4 ② 問5 45 kg

解説 問5 窒素原子 N に着目すると，N_2 1 mol から HNO_3 2 mol が生成する。
窒素 N_2 の分子量は，$14 \times 2 = 28$ 硝酸 HNO_3 の分子量は，$1.0 + 14 + 16 \times 3 = 63$
生成する硝酸の質量は，

$$\underbrace{\frac{10 \times 10^3 (g)}{28 (g/mol)}}_{N_2 (mol)} \times 2 \Big|_{HNO_3 (mol)} \times 63 (g/mol) \times \underbrace{10^{-3}}_{(g) \to (kg)} = \underline{45 (kg)}$$

Point アンモニア・硝酸の工業的製法

- **アンモニアの工業的製法** **名称** ハーバー・ボッシュ法
  鉄を主成分とする触媒を用いて，窒素と水素を高温・高圧で反応させる
  $$N_2 + 3H_2 \rightleftarrows 2NH_3$$

・硝酸の工業的製法　名称　オストワルト法

Step 1　アンモニアを白金を触媒として酸化し，一酸化窒素 NO を得る

$$4NH_3 + 5O_2 \longrightarrow 4NO + 6H_2O \quad \cdots ①$$

Step 2　一酸化窒素を酸化し，二酸化窒素 NO_2 を得る

$$2NO + O_2 \longrightarrow 2NO_2 \qquad \cdots ②$$

Step 3　二酸化窒素を温水に吸収させ，硝酸と一酸化窒素を得る

$$3NO_2 + H_2O \longrightarrow 2HNO_3 + NO \quad \cdots ③$$

オストワルト法の反応式を1つにまとめると，（①＋②×3＋③×2）÷4 より，

$$NH_3 + 2O_2 \longrightarrow HNO_3 + H_2O$$

9　問1　ア：黄リン　イ：赤リン　ウ：同素体　エ：十酸化四リン
　　オ：過リン酸石灰
　　問2　(1)　$4P + 5O_2 \longrightarrow P_4O_{10}$　　(2)　$P_4O_{10} + 6H_2O \longrightarrow 4H_3PO_4$

解説　問1ア〜ウ：<u>黄リン</u>ァと<u>赤リン</u>ィはリンの<u>同素体</u>ゥである。このうち，空気中で
自然発火するのは，黄リンである。

問1オ：リン酸カルシウム（リン鉱石）に濃硫酸を加えてつくる肥料を，<u>過リン酸石灰</u>と
いう。

Point　**リンとその化合物**

・リンの同素体

①黄リン…淡黄色，有毒，空気中で自然発火する　➡　水中に保存する

②赤リン…赤褐色，空気中で安定

・リンが燃焼すると，白色の十酸化四リン P_4O_{10} が生成する

$$4P + 5O_2 \longrightarrow P_4O_{10}$$

・十酸化四リンを熱水に溶かすと，リン酸 H_3PO_4 が生成する

$$P_4O_{10} + 6H_2O \longrightarrow 4H_3PO_4$$

※リン酸は，中程度の酸性，不揮発性，脱水作用をもつ。

10　1：ダイヤモンド　　2：黒鉛　　3：同素体　　4：4　　5：共有
　　6：四面　　7：立体　　8：3　　9：六角　　10：平面

解説　4〜7：ダイヤモンドは1つの炭素原子に<u>4個</u>₄ の炭素原子が<u>正四面体</u>₆ 状に
<u>共有結合</u>₅ した，<u>立体網目構造</u>₇ をもつ結晶であり，極めて硬く，電気を通さない。
8〜10：その同素体である黒鉛は，1つの炭素原子に<u>3個</u>₈ の炭素原子が<u>正六角形</u>₉
状に結合した<u>平面網目構造</u>₁₀ をもつ結晶であり，層状にはがれやすく，電気を通す。

Point　炭素の同素体

① **ダイヤモンド**…極めて硬く，融点の高い，無色透明の共有結合の結晶
　➡ 炭素原子がほかの 4 個の炭素原子と正四面体状に結合した立体網目構造を
　　もつ結晶
② **黒鉛**（こくえん）…軟らかく，層状にはがれやすい，電気伝導性をもつ黒色の固体
　➡ 炭素原子がほかの 3 個の炭素原子と正六角形状に結合することで平面を形
　　成し，それがファンデルワールス力により弱く結びついた結晶
③ **フラーレン**…サッカーボール状構造をもつ粉末

① ダイヤモンド　　　　② 黒鉛　　　　　　　③ フラーレン

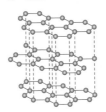

11　問1　ア：酸素　イ：ダイヤモンド　エ：ケイ酸ナトリウム
オ：水ガラス　　問2　④

解説 問1　ア：ケイ素は，地殻中に酸素に次いで多く存在する元素である。
　イ：ケイ素は，ダイヤモンドと同じ構造の共有結合の結晶である。
　エ，オ：二酸化ケイ素を塩基とともに加熱すると，ケイ酸ナトリウム エ が生成し，そ
れを水に加えて加熱すると，粘性の高い無色の液体である，水ガラス オ が得られる。
問2　二酸化ケイ素の結晶も共有結合の結晶であり，非常に硬くて融点が高い。

Point　ケイ素

・**ケイ素の単体**
　性質　① ダイヤモンド型構造をもつ共有結合の結晶。非常に硬く，融点が
　　高い
　　② 半導体（はんどうたい）としての性質をもち，太陽電池や集積回路に使
　　われる
　※クラーク数（地殻中の元素存在比）：O ＞ Si ＞ Al ＞ Fe

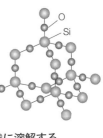

・**二酸化ケイ素 SiO_2**
　性質　① 1つの Si 原子に 4 つの O 原子が正四面
　　体形に結合した共有結合の結晶。非常に硬く，融
　　点が高い
　　② 酸性酸化物であり，酸とは反応しないが，フッ化水素酸に溶解する

$$SiO_2 + 6HF \longrightarrow H_2SiF_6 + 2H_2O$$

③ 二酸化ケイ素に水酸化ナトリウム水溶液を加えて加熱すると，ケイ酸ナトリウム Na_2SiO_3 が得られる

$$SiO_2 + 2NaOH \longrightarrow Na_2SiO_3 + H_2O$$

※ケイ酸ナトリウムに水を加えて加熱すると，粘性の高い水ガラスが得られる。
※水ガラスに酸を加えると，ケイ酸 H_2SiO_3 の白色ゲル状沈殿が得られる。

$$Na_2SiO_3 + 2HCl \longrightarrow 2NaCl + H_2SiO_3$$

※ケイ酸を加熱すると，乾燥剤として用いられるシリカゲルが得られる。

3 典型金属元素

12 　1：⑦　　2：アルカリ金属　　3：水素　　4：水酸化物　　5：酸素
　6：酸化ナトリウム　　7：1　　8：陽

解説　1，2：ナトリウム Na，カリウム K$_1$ はともにアルカリ金属$_2$（➡ p. 3）である。
3，4：アルカリ金属元素の単体は水と激しく反応し，水酸化物$_4$（水酸化ナトリウムなど）に変化し水素$_3$ を発生する。
5，6：ナトリウムの単体は空気中の酸素$_5$ と反応し，酸化ナトリウム$_6$ に変化する。
7，8：天然にナトリウムは主に 1 価$_7$ の陽イオン$_8$ である Na$^+$ として存在する。

Point　**ナトリウム Na**

性質　① 水に加えると激しく反応し，水素を発生しながら溶解する
　　$$2Na + 2H_2O \longrightarrow 2NaOH + H_2$$
② 空気中の酸素により容易に酸化され，酸化ナトリウムに変化する
　　$$4Na + O_2 \longrightarrow 2Na_2O$$
※ナトリウムは，空気や水と触れないようにするため，石油中に保存する。

13　問1　A：$CaCO_3$　B：$Ca(HCO_3)_2$　C：CaO　D：$Ca(OH)_2$
　問2　二酸化炭素　問3　ア：酸性　イ：塩基　ウ：塩基性　エ：酸

解説　問1 A，B，問2　石灰石の主成分は炭酸カルシウム $CaCO_3{}_A$ であり，二酸化炭素$_{問2}$ を含む水に溶解し，炭酸水素カルシウム $Ca(HCO_3)_2{}_B$ に変化する。

$$CaCO_3 + CO_2 + H_2O \longrightarrow Ca(HCO_3)_2$$

問1 C，D：酸化カルシウム CaO_C は，生石灰ともよばれ，水と発熱しながら反応して水酸化カルシウム $Ca(OH)_2{}_D$ に変化するため，塩基性乾燥剤として用いられる。
問3　二酸化炭素 CO_2 は，非金属元素の酸化物であるため，酸性酸化物$_ア$ とよばれ，塩基$_イ$ と反応する。酸化カルシウム CaO は，金属元素の酸化物であるため，塩基性酸化物$_ウ$ とよばれ，酸$_エ$ と反応する。

Point カルシウム

- **カルシウム Ca**

  性質 ① 水に加えると，激しく反応し，水素を発生しながら溶解する

  $$Ca + 2H_2O \longrightarrow Ca(OH)_2 + H_2$$

  ② 空気中の酸素により容易に酸化され，酸化カルシウムに変化する

  $$2Ca + O_2 \longrightarrow 2CaO$$

- **酸化カルシウム CaO**（生石灰）

  性質 水と発熱しながら反応し，水酸化カルシウムとなる

  ➡ 塩基性乾燥剤に利用

  $$CaO + H_2O \longrightarrow Ca(OH)_2$$

- **水酸化カルシウム Ca(OH)₂**（消石灰，水溶液は石灰水という）

  性質 ① 石灰水に二酸化炭素を吹き込むと，炭酸カルシウムの白色沈殿が生成する

  $$Ca(OH)_2 + CO_2 \longrightarrow CaCO_3\downarrow + H_2O$$

  ② ①にさらに二酸化炭素を吹き込むと，炭酸水素カルシウムとなって溶解し，無色の溶液になる

  $$CaCO_3 + CO_2 + H_2O \longrightarrow Ca(HCO_3)_2$$

---

14 問1 アンモニアソーダ（ソルベー）

問2 A：$NaCl + NH_3 + CO_2 + H_2O \longrightarrow NaHCO_3 + NH_4Cl$

B：$2NaHCO_3 \longrightarrow Na_2CO_3 + CO_2 + H_2O$

解説 炭酸ナトリウムの工業的製法である<u>アンモニアソーダ法（ソルベー法）</u>問1は，塩化ナトリウム水溶液にアンモニアと二酸化炭素を吹き込み，沈殿する炭酸水素ナトリウム $NaHCO_3$ を熱分解することで炭酸ナトリウムを製造する。

Point 炭酸ナトリウムの工業的製法 名称 アンモニアソーダ法（ソルベー法）

Step 1 塩化ナトリウム水溶液にアンモニアと二酸化炭素を吸収させ，炭酸水素ナトリウム $NaHCO_3$ を沈殿させる

$$NaCl + NH_3 + CO_2 + H_2O \longrightarrow NaHCO_3 + NH_4Cl \quad \cdots①$$

Step 2 炭酸水素ナトリウムを加熱し，炭酸ナトリウム Na_2CO_3 を得る

$$2NaHCO_3 \longrightarrow Na_2CO_3 + CO_2 + H_2O \quad \cdots②$$

Step 3 炭酸カルシウムを加熱し，二酸化炭素を発生させる（➡ Step 1 で利用）

$$CaCO_3 \longrightarrow CaO + CO_2 \quad \cdots③$$

Step 4 Step 3 の酸化カルシウムに水を加え，水酸化カルシウム $Ca(OH)_2$ を得る

$$CaO + H_2O \longrightarrow Ca(OH)_2 \quad \cdots④$$

Step 5　Step 1 の塩化アンモニウム NH_4Cl と Step 4 の水酸化カルシウム $Ca(OH)_2$ を混合して加熱し，アンモニアを発生させる（➡ Step 1 で再利用）

$$Ca(OH)_2 + 2NH_4Cl \longrightarrow CaCl_2 + 2NH_3 + 2H_2O \qquad \cdots ⑤$$

Step 1 ～ Step 5 を1つにまとめると，①×2＋②＋③＋④＋⑤より，

$$2NaCl + CaCO_3 \longrightarrow Na_2CO_3 + CaCl_2$$

※全体として，アンモニア NH_3 や二酸化炭素 CO_2 を再利用している。

15　1：$2Al + 6HCl \longrightarrow 2AlCl_3 + 3H_2$　　2：水酸化アルミニウム
3：ミョウバン　　4：複　　5：酸化　　6：酸化　　7：不動　　8：両性
9：亜鉛（スズ，鉛）

解説　2：Al^{3+} を含む溶液に塩基を少量加えると，水酸化アルミニウム $Al(OH)_3$ の白色沈殿を生じる。

$$Al^{3+} + 3OH^- \longrightarrow Al(OH)_3 \downarrow$$

3，4：$Al_2(SO_4)_3$ と K_2SO_4 の混合溶液を濃縮すると，$AlK(SO_4)_2 \cdot 12H_2O$ の組成式で表される$\underline{ミョウバン}_3$が生じる。このように，2種類以上の塩が一定の比で結合しているものを，$\underline{複塩}_4$という。

5～7：硝酸は$\underline{酸化力}_5$をもつ酸である。アルミニウムや鉄を濃硝酸に加えると，表面に緻密な$\underline{酸化被膜}_6$を形成し，$\underline{不動態}_7$となるため，溶けない。（➡ p.49）

8，9：アルミニウム，$\underline{亜鉛，スズ，鉛}_9$などは，酸とも塩基とも反応するため，$\underline{両性金属}_8$とよばれる。

Point　アルミニウム

- **両性金属**…酸とも塩基とも反応する金属　**例**　Al, Zn, Sn, Pb
- **アルミニウム Al**

  性質　① 希塩酸（希硫酸）に加えると，水素を発生しながら溶解する
  $$2Al + 6HCl \longrightarrow 2AlCl_3 + 3H_2$$
  ② 水酸化ナトリウム水溶液に加えると，水素を発生しながら溶解する
  $$2Al + 2NaOH + 6H_2O \longrightarrow 2Na[Al(OH)_4] + 3H_2$$
  ③ 空気中で燃焼すると，白色の酸化アルミニウムを生成する
  $$4Al + 3O_2 \longrightarrow 2Al_2O_3$$
  ※酸化アルミニウム Al_2O_3 も，酸にも塩基にも溶解する。

- **アルミニウムイオン Al^{3+}**

  性質　少量の水酸化ナトリウム水溶液またはアンモニア水を加えると，水酸化アルミニウム $Al(OH)_3$ の白色沈殿が生じる
  ※水酸化アルミニウム $Al(OH)_3$ の白色沈殿は，水酸化ナトリウム水溶液に溶ける。
  $$Al(OH)_3 + NaOH \longrightarrow Na[Al(OH)_4]$$

- **ジュラルミン**…Al, Cu, Mg, Mn からなる合金。軽くて丈夫である。

- **ミョウバン**…AlK$(SO_4)_2 \cdot 12H_2O$ の組成式で表される結晶
  - ※ AlK$(SO_4)_2 \cdot 12H_2O$ は $Al_2(SO_4)_3$ と K_2SO_4 の2種類の塩が結合した複塩である。
- **テルミット反応**…酸化鉄(Ⅲ)とアルミニウムを混合して加熱すると，単体の鉄が生成

$$2Al + Fe_2O_3 \longrightarrow 2Fe + Al_2O_3$$

4 遷移元素，金属イオンの反応

16 1：粗銅　　2：陽　　3：陰　　4：小さい　　5：大きい

解説 1～3：銅の電解精錬は，<u>粗銅</u>$_1$ を陽極，純銅を陰極として，硫酸銅(Ⅱ)水溶液を電気分解する。<u>陽極</u>$_2$ 側から Cu^{2+} が溶け出し，<u>陰極</u>$_3$ 側に Cu が析出する。

4，5：粗銅中に含まれる不純物のうち，Cu よりイオン化傾向が<u>小さい</u>$_4$ 金属は陽極の下に沈殿し，Cu よりイオン化傾向の<u>大きい</u>$_5$ 金属はイオンとなり溶け出す。

Point 銅の電解精錬

粗銅(不純物を含む銅)を陽極，純銅を陰極とし，$CuSO_4$ 水溶液を電気分解する

陽極 $\begin{cases} Cu \longrightarrow Cu^{2+} + 2e^- \end{cases}$
陰極 $\begin{cases} Cu^{2+} + 2e^- \longrightarrow Cu \end{cases}$

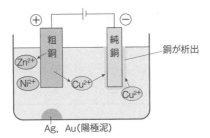

Ag，Au(陽極泥)

※粗銅中に含まれる不純物

| Cu よりイオン化傾向が大きい金属 | ➡ | イオンとなり，溶液中に溶け出す　例 Zn，Ni |
| Cu よりイオン化傾向が小さい金属 | ➡ | 陽極の下に沈殿する(**陽極泥**)　例 Ag，Au |

注意 Pb^{2+} は $PbSO_4$ として沈殿する。

ア：一酸化炭素（または CO）　イ：FeO　ウ：銑鉄　エ：鋼

解説 鉄は，鉄鉱石の主成分である酸化鉄（Ⅲ）を<u>一酸化炭素</u>$_ア$で次のように<u>還元</u>することで得る。

$$Fe_2O_3 \longrightarrow Fe_3O_4 \longrightarrow \underline{FeO}_イ \longrightarrow Fe$$

溶鉱炉で得られた鉄は約4%の炭素を不純物として含む<u>銑鉄</u>$_ウ$であり，その炭素分を減らしたものを<u>鋼</u>$_エ$という。

Point　鉄の製錬

　鉄鉱石（赤鉄鉱：主成分 Fe_2O_3，磁鉄鉱：主成分 Fe_3O_4）をコークス，石灰石とともに溶鉱炉に入れ，熱風を送り込むと，発生した一酸化炭素により鉄鉱石が<u>還元</u>され，鉄が得られる。

$$Fe_2O_3 + 3CO \longrightarrow 2Fe + 3CO_2$$

・銑鉄…溶鉱炉から得られた鉄。不純物として炭素などを含み，もろい。

・鋼…銑鉄に空気を吹き込み，炭素分を減らしたもの。硬くて丈夫。

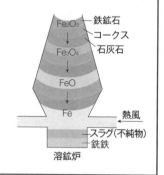

溶鉱炉

　問1　①　問2　④

解説 問1　<u>Pb^{2+}</u> を含む溶液に希塩酸 HCl を加えると，塩化鉛（Ⅱ）$PbCl_2$ の白色沈殿を生じる。

問2　<u>Cu^{2+}</u> を含む酸性溶液に硫化水素 H_2S を吹き込むと，硫化銅（Ⅱ）CuS の黒色沈殿を生じる。

Point　金属イオンの沈殿反応

・塩化物イオン Cl^- と沈殿する金属イオン

　　AgCl（白色沈殿），$PbCl_2$（白色沈殿）

　※ AgCl はアンモニア NH_3 水，チオ硫酸ナトリウム $Na_2S_2O_3$ 水溶液に溶解する。

　※ $PbCl_2$ は熱水に溶解する。

・クロム酸イオン $CrO_4{}^{2-}$ と沈殿する金属イオン

　　Ag_2CrO_4（赤褐色沈殿），$PbCrO_4$（黄色沈殿），$BaCrO_4$（黄色沈殿）

・硫酸イオン $SO_4{}^{2-}$ と沈殿する金属イオン

　　$BaSO_4$（白色沈殿），$CaSO_4$（白色沈殿），$PbSO_4$（白色沈殿）

・炭酸イオン $CO_3{}^{2-}$ と沈殿する金属イオン

　　$BaCO_3$（白色沈殿），$CaCO_3$（白色沈殿）

※硫酸塩の沈殿は塩酸に溶けないが，炭酸塩の沈殿は塩酸に溶ける。

- **硫化物イオン S^{2-} と沈殿する金属イオン**
  ①液性に関係なく沈殿する ➡ イオン化傾向小
  Ag_2S(黒色沈殿)，PbS(黒色沈殿)，CuS(黒色沈殿)
  ②中性，塩基性条件で沈殿する ➡ イオン化傾向大
  ZnS(白色沈殿)，FeS(黒色沈殿)

---

19 問1 Ⓐ 問2 ⓓ

解説 問1 $\underline{Ag^+,\ Cu^{2+}}$ を含む溶液に少量のアンモニア水を加えると，それぞれ Ag_2O(褐色)，$Cu(OH)_2$(青白色)の沈殿を生じるが，過剰にアンモニア水を加えると，それぞれ $[Ag(NH_3)_2]^+$(無色)，$[Cu(NH_3)_4]^{2+}$(深青色)となり，沈殿は溶解する。

問2 $\underline{Cu^{2+}}$ を含む溶液に水酸化ナトリウム水溶液を過剰に加えても，$Cu(OH)_2$(青白色)の沈殿を生じたまま溶解しない。それに対し，$Al^{3+},\ Zn^{2+},\ Pb^{2+}$ は少量の水酸化ナトリウム水溶液を加えると，それぞれ $Al(OH)_3$(白色)，$Zn(OH)_2$(白色)，$Pb(OH)_2$(白色)の沈殿を生じるが，過剰に水酸化ナトリウム水溶液を加えると，それぞれ $[Al(OH)_4]^-$(無色)，$[Zn(OH)_4]^{2-}$(無色)，$[Pb(OH)_4]^{2-}$(無色)となり，沈殿は溶解する。

Point 金属イオンと塩基($NaOH$，NH_3)との沈殿反応

アルカリ金属，Be，Mg を除くアルカリ土類金属以外の金属イオンは塩基と沈殿をつくる

①**水酸化ナトリウム NaOH** 水溶液を**過剰**に加えると，沈殿が溶解する金属イオン

		沈殿生成		溶解
Al^{3+} (無色)		$Al(OH)_3$ (白色沈殿)		$[Al(OH)_4]^-$ (無色)
Zn^{2+} (無色)	少量 $\xrightarrow{\text{NaOH or NH}_3}$	$Zn(OH)_2$ (白色沈殿)	過剰 $\xrightarrow{\text{NaOH}}$	$[Zn(OH)_4]^{2-}$ (無色)
Pb^{2+} (無色)		$Pb(OH)_2$ (白色沈殿)		$[Pb(OH)_4]^{2-}$ (無色)

②**アンモニア NH₃** 水を**過剰**に加えると，沈殿が溶解する金属イオン

		沈殿生成		溶解
Ag^+ (無色)		Ag_2O (褐色沈殿)		$[Ag(NH_3)_2]^+$ (無色)
Zn^{2+} (無色)	少量 $\xrightarrow{\text{NaOH or NH}_3}$	$Zn(OH)_2$ (白色沈殿)	過剰 $\xrightarrow{\text{NH}_3}$	$[Zn(NH_3)_4]^{2+}$ (無色)
Cu^{2+} (青色)		$Cu(OH)_2$ (青白色沈殿)		$[Cu(NH_3)_4]^{2+}$ (深青色)

③**水酸化ナトリウム水溶液でもアンモニア水でも沈殿が溶解しない**金属イオン

		沈殿生成		溶解しない
Fe^{2+} (淡緑色)	少量 NaOH $\xrightarrow{\text{or NH}_3}$	$Fe(OH)_2$ (緑白色沈殿)	過剰 NaOH $\xrightarrow{\text{or NH}_3}$	$Fe(OH)_2$
Fe^{3+} (黄褐色)		水酸化鉄(Ⅲ) (赤褐色沈殿)		水酸化鉄(Ⅲ) (赤褐色沈殿)

解説 (a) Fe^{3+} に KSCN 水溶液を加えると，溶液の色が血赤色に変化する。

(b) Fe^{3+} に $K_4[Fe(CN)_6]$ 水溶液を加えると，濃青色沈殿が生じる。

Point **鉄イオンの沈殿反応**

- **Fe^{2+}（淡緑色）の反応**
  ① 塩基（NaOH，NH_3）の水溶液を加える
     ➡ 水酸化鉄（Ⅱ）$Fe(OH)_2$ の緑白色沈殿生成
  ② $K_3[Fe(CN)_6]$（ヘキサシアニド鉄（Ⅲ）酸カリウム）水溶液を加える
     ➡ 濃青色沈殿生成

- **Fe^{3+}（黄褐色）の反応**
  ① 塩基（NaOH，NH_3）の水溶液を加える
     ➡ 水酸化鉄（Ⅲ）の赤褐色沈殿生成
  ② $K_4[Fe(CN)_6]$（ヘキサシアニド鉄（Ⅱ）酸カリウム）水溶液を加える
     ➡ 濃青色沈殿生成
  ③ KSCN（チオシアン酸カリウム）水溶液を加える ➡ 血赤色溶液に変化

---

21 沈殿ア：AgCl　　沈殿イ：CuS　　沈殿エ：ZnS

解説 沈殿ア：HCl を加えると，Ag^+ が AgCl の白色沈殿となる。

沈殿イ：HCl の酸性条件下で H_2S を吹き込むと，Cu^{2+} が CuS の黒色沈殿となる。

沈殿ウ：煮沸して H_2S を追い出し，H_2S により還元された Fe^{2+} を硝酸で酸化して Fe^{3+} にした後，過剰量の NH_3 を加えると，Fe^{3+} が水酸化鉄（Ⅲ）の赤褐色沈殿となる。

沈殿エ：NH_3 の塩基性条件下で H_2S を吹き込むと，Zn^{2+} が ZnS の白色沈殿となる。

以上をまとめると，次のようになる。

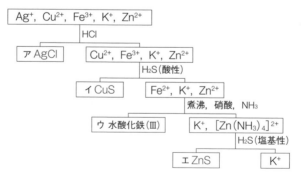

第7章　有機化合物

1 元素分析・異性体

1 ア：2.4　　イ：19.2　　ウ：1：2：1　　エ：$C_2H_4O_2$

解説 各元素の質量は，

$$W_C = 52.8 \times \frac{12}{44} = 14.4 \,[\text{mg}] \quad \frac{C}{CO_2}$$

$$W_H = 21.6 \times \frac{2.0}{18} = \underline{2.4}\,[\text{mg}]_{\,ア} \quad \frac{2H}{H_2O}$$

$$W_O = 36.0 - (14.4 + 2.4) = \underline{19.2}\,[\text{mg}]_{\,イ}$$

$$C:H:O = \frac{14.4}{12} : \frac{2.4}{1.0} : \frac{19.2}{16} = 1.2:2.4:1.2 = \underline{1:2:1}_{\,ウ}$$

組成式は CH_2O となる。

分子式を $(CH_2O)_n$ とすると，分子量より，

$$(12 + 1.0 \times 2 + 16) \times n = 60 \qquad n = 2$$

よって，分子式は，$\underline{C_2H_4O_2}_{\,エ}$

Point **分子式の決定（C，H，O からなる有機化合物の場合）**

① **各元素の質量の計算方法**（W はそれぞれの質量を表す）

$$\begin{cases} W_C = W_{CO_2} \times \dfrac{12}{44} & \longleftarrow 分子量比\left(\dfrac{C}{CO_2}\right) \\[2mm] W_H = W_{H_2O} \times \dfrac{2.0}{18} & \longleftarrow 分子量比\left(\dfrac{2H}{H_2O}\right) \\[2mm] W_O = W_{All} - (W_C + W_H) \end{cases}$$

② **組成式（原子数比を表す）の算出方法**

➡ 質量を原子量で割り，その比を求める

$$C:H:O = \frac{W_C}{12} : \frac{W_H}{1.0} : \frac{W_O}{16} = x:y:z \quad ➡ \quad \text{組成式 } C_xH_yO_z$$

③ **分子式（原子数を表す）の算出方法**

（組成式）$\times n =$ 分子式　とし，分子量を利用して n を求める

---

2 問1　酸化銅（Ⅱ）　　問2　塩化カルシウム　　問3　ソーダ石灰
問4　C_2H_6O

解説 問4　各元素の質量は，

$$W_C = 35.2 \times \frac{12}{44} = 9.6\,[\text{mg}] \quad \frac{C}{CO_2}$$

$$W_\text{H} = 21.6 \times \frac{2.0}{18} = 2.4 \,[\text{mg}] \qquad \frac{2\text{H}}{\text{H}_2\text{O}}$$

$$W_\text{O} = 18.4 - (9.6 + 2.4) = 6.4 \,[\text{mg}]$$

$$\text{C} : \text{H} : \text{O} = \frac{9.6}{12} : \frac{2.4}{1.0} : \frac{6.4}{16} = 0.8 : 2.4 : 0.4 = \underline{2 : 6 : 1}$$

組成式は $\text{C}_2\text{H}_6\text{O}$ となる。

分子式を $(\text{C}_2\text{H}_6\text{O})_n$ とすると，分子量より，

$$(12 \times 2 + 1.0 \times 6 + 16) \times n = 46 \qquad n = 1$$

よって，分子式は，$\underline{\text{C}_2\text{H}_6\text{O}}$

Point 元素分析装置

- **リービッヒの元素分析装置**

  ➡ C，H，O からなる試料を，酸素を送り込んで完全燃焼し，生成した CO_2 と H_2O の質量を測定する

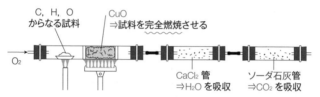

※ソーダ石灰は，水も吸収するため，塩化カルシウムの後ろに設置する。

---

3 ア：ケトン　　イ：アルデヒド　　ウ：アルコール　　エ：カルボン酸
オ：エステル

解説 官能基は，次の **Point** にまとめたとおりである。

Point 官能基（かんのうき）

有機化合物の性質を決める部分　　　　　　　　（R は H または炭化水素基）

例

官能基	構造式	示性式	一般名
ヒドロキシ基	R–OH	R–OH	アルコール フェノール類
ホルミル基 （アルデヒド基）	R–C–H ‖ O	R–CHO	アルデヒド
カルボニル基	R–C–R′ ‖ O	R–CO–R′	ケトン
カルボキシ基	R–C–OH ‖ O	R–COOH	カルボン酸

エーテル結合	R-O-R′	R-O-R′	エーテル
エステル結合	R-C-O-R′ ‖ O	R-COO-R′	エステル

4 　1：異性体　　2：構造異性体　　3：ブタン　　4：2-メチルプロパン
　　5：立体異性体　　6：シス-トランス異性体（幾何異性体）　　7：シス
　　8：トランス

解説 3，4：C_4H_{10} には，次の2種類の構造異性体が存在する。

$CH_3-CH_2-CH_2-CH_3$ 　　　　　$\underset{\text{2-メチルプロパン}_4}{CH_3-\overset{\overset{CH_3}{|}}{CH}-CH_3}$
<u>ブタン</u>₃

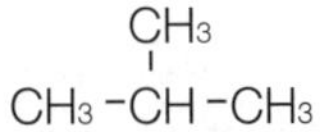

7，8：2-ブテンには，シス-トランス異性体（幾何異性体）が存在する。

$CH_3-CH=CH-CH_3$ ⟹

　　　　　　　　　　　　　　<u>シス形</u>₇（同じ側）　　<u>トランス形</u>₈（反対側）

Point 異性体

- **異性体**…分子式が同じで構造が異なる有機化合物
- **構造異性体**…分子の構造式が異なる異性体

例　$CH_3-CH_2-CH_2-CH_3$ 　　　$\underset{\text{2-メチルプロパン}}{CH_3-\overset{\overset{CH_3}{|}}{CH}-CH_3}$
　　　　　ブタン

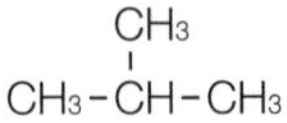

- **立体異性体**…原子のつながり方は同じで，立体的な形が異なる異性体

①**シス-トランス異性体（幾何異性体）**…C=C により生じる異性体

例　$CH_3-CH=CH-CH_3$ ⟹
　　　　2-ブテン　　　　　　　　　　シス-2-ブテン　　　トランス-2-ブテン

➡ **C＝C が回転できないことによって生じる**

②**鏡像異性体（光学異性体）**…鏡像体の関係にある異性体

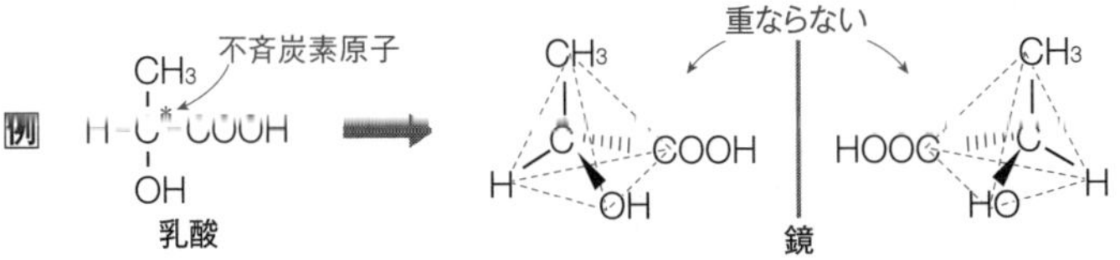

例　
　　乳酸

➡ **不斉炭素原子**(結合している4つの原子(団)がすべて異なる炭素原子)をもつことで生じる

解説　②は不斉炭素原子 C^* をもつため，鏡像異性体(光学異性体)が存在する。

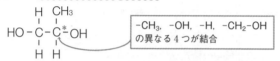

$$\underset{\overset{|}{H}}{\overset{\overset{H}{|}}{HO-C}}-\underset{\overset{|}{H}}{\overset{\overset{CH_3}{|}}{C^*}}-OH$$

-CH_3, -OH, -H, -CH_2-OH の異なる4つが結合

2　炭化水素・アルコール

解説 問2　アルカンは炭素数が<u>4</u>個以上になると，構造異性体が生じる。

C_3H_8(1種類のみ)　　　　　　　　　　　C_4H_{10}(2種類の構造異性体)

$CH_3-CH_2-CH_3$　　　$CH_3-CH_2-CH_2-CH_3$　　　$$\underset{CH_3-CH-CH_3}{\overset{CH_3}{|}}$$

プロパン　　　　　　　　　　ブタン　　　　　　　　　　2-メチルプロパン

Point.　**炭化水素の分類**

- **炭化水素**…炭素Cと水素Hからなる有機化合物

【分類】

- **アルカン**…鎖式飽和炭化水素(単結合からなる鎖状の炭化水素)

  一般式：C_nH_{2n+2} ($n \geq 1$)

  【例】　CH_3-CH_3　　　$CH_3-CH_2-CH_3$　　　$CH_3-CH_2-CH_2-CH_3$
  　　　エタン C_2H_6　　　プロパン C_3H_8　　　　　ブタン C_4H_{10}

- **アルケン**…炭素原子間に二重結合 C=C を1つもつ鎖式不飽和炭化水素

  一般式：C_nH_{2n} ($n \geq 2$)

  【例】　$CH_2=CH_2$　　　$CH_3-CH=CH_2$
  　　　エチレン C_2H_4　　プロペン C_3H_6
  　　　(エテン)　　　　　(プロピレン)

  $CH_3-CH_2-CH=CH_2$　　　$CH_3-CH=CH-CH_3$
  　　1-ブテン C_4H_8　　　　　　2-ブテン C_4H_8

  　　　　　　C=C の位置を表す

- **アルキン**…炭素原子間に三重結合 C≡C を1つもつ鎖式不飽和炭化水素

  一般式：C_nH_{2n-2} ($n \geq 2$)

例　$CH \equiv CH$ アセチレン C_2H_2　　$CH_3-C \equiv CH$ プロピン C_3H_4　　$CH_3-CH_2-C \equiv CH$ 1–ブチン C_4H_6

- **シクロアルカン**…環式(かんしき)飽和炭化水素　　一般式：C_nH_{2n} ($n \geqq 3$)

例

シクロプロパン C_3H_6

シクロブタン C_4H_8

7　A：エタン，CH_3CH_3　　B：エタノール，CH_3CH_2OH
C：ポリエチレン，$-[CH_2-CH_2]_n-$
D：1, 2–ジクロロエタン，CH_2ClCH_2Cl

解説　A：エチレン(エテン)に水素を付加させると，エタン CH_3CH_3 が生じる。
B：エチレンに水を付加させると，エタノール CH_3CH_2OH が生じる。
C：エチレンを付加重合させると，ポリエチレン $-[CH_2-CH_2]_n-$ が生じる。
D：エチレンに塩素を付加させると，1, 2–ジクロロエタン CH_2ClCH_2Cl が生じる。

Point　**エチレン(エテン)の反応**

- **付加(ふか)反応**…不飽和結合の一部が切れ，ほかの原子(団)が結合する反応

1，2番のCのそれぞれにBrが1つずつついている

- **付加重合(じゅうごう)**…付加反応が連続して起こり，高分子化合物が生じる反応

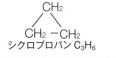

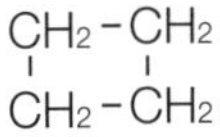

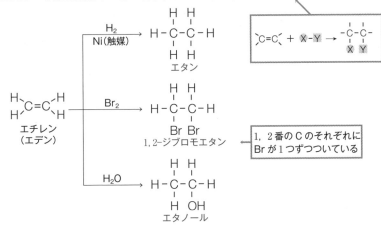

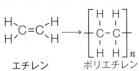

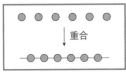

※エチレンを触媒($PdCl_2$，$CuCl_2$)を用いて酸化すると，アセトアルデヒドが得られる。

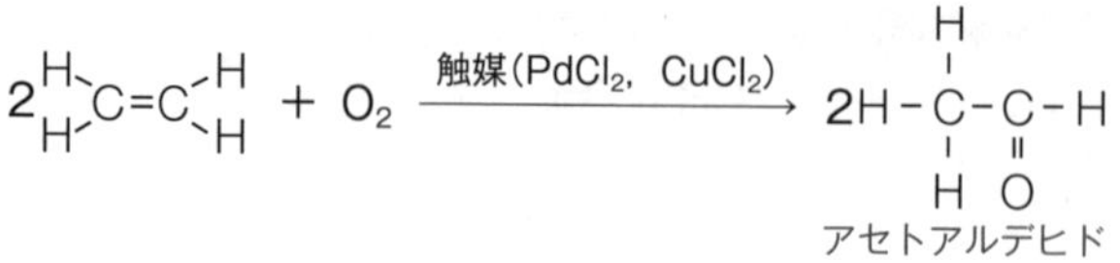

$$2\ \underset{H}{\overset{H}{}}C=C\underset{H}{\overset{H}{}} + O_2 \xrightarrow{\text{触媒}(PdCl_2,\ CuCl_2)} 2H-\overset{\overset{H}{|}}{\underset{\underset{O}{\|}}{C}}-C-H$$

アセトアルデヒド

---

8 (1) エタン (2) アセトアルデヒド (3) 塩化ビニル
(4) 酢酸ビニル

解説 (1) アセチレン1分子に2分子の水素を付加すると，エタン CH_3CH_3 が生じる。
(2) アセチレンに水を付加すると，ビニルアルコールが生じるが，不安定であるため，すぐにアセトアルデヒド CH_3CHO に変化する。
(3) アセチレンに塩化水素を付加すると，塩化ビニル $CH_2=CH-Cl$ が生じる。
(4) アセチレンに酢酸を付加すると，酢酸ビニル $CH_2=CH-OCOCH_3$ が生じる。

Point **アセチレンの付加反応**

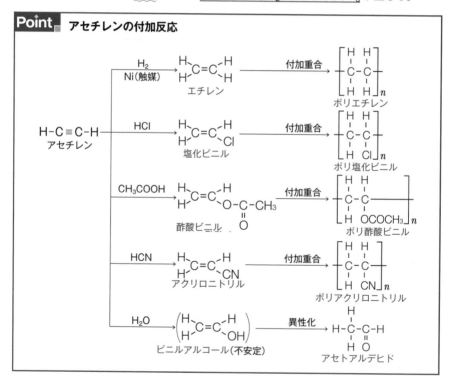

9　A：$CH_3CH_2OCH_2CH_3$　　B：CH_3CH_2ONa　　C：$CH_2=CH_2$
D：CH_3CHO

解説　A，C：エタノールを濃硫酸を用いて脱水すると，約130℃では<u>ジエチルエーテ</u>
<u>ル $CH_3CH_2OCH_2CH_3$</u>_A_，約170℃では<u>エチレン $CH_2=CH_2$</u>_C_ が生じる。
B：エタノールにナトリウムを加えると，水素を発生しながら反応し，<u>ナトリウムエト</u>
<u>キシド CH_3CH_2ONa</u> が生じる。

$$2CH_3CH_2OH + 2Na \longrightarrow 2CH_3CH_2ONa + H_2$$

D：エチレンを触媒を用いて酸化すると，<u>アセトアルデヒド CH_3CHO</u> が生じる。

Point　**エタノールの反応**

①エタノールに金属ナトリウムを加えると，水素が発生する

$$2CH_3CH_2OH + 2Na \longrightarrow 2CH_3CH_2ONa + H_2$$
　　　エタノール　　　　　　　　　ナトリウムエトキシド

②エタノールに濃硫酸を加えて加熱すると，脱水反応が起こる

(a)低温(130〜140℃)での脱水　➡　**分子間脱水**

(b)高温(160℃以上)での脱水　➡　**分子内脱水**

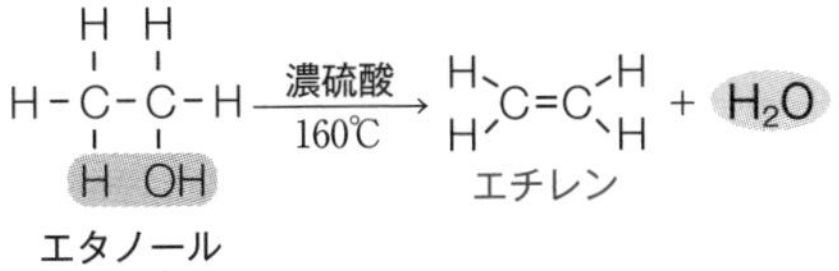

10　ア：アセトアルデヒド　　イ：酢酸　　ウ：アセトン

解説　ア，イ：第一級アルコールであるエタノールを酸化すると，<u>アセトアルデヒド</u>
<u>CH_3CHO</u>_ア_ を経て<u>酢酸 CH_3COOH</u>_イ_ になる。
ウ：第二級アルコールである2-プロパノールを酸化すると，<u>アセトン CH_3COCH_3</u> に
なる。

Point　**アルコール(R-OH)の酸化**

• **アルコールの級数**…ヒドロキシ基(-OH)の結合している炭素原子に，他の炭
素原子が何ヶ所結合しているかを表す

①**第一級アルコールの酸化** ➡ アルデヒド(-CHO)を経てカルボン酸
(-COOH)になる

メタノール　　　　　　ホルムアルデヒド　　　　　ギ酸

エタノール　　　　　　アセトアルデヒド　　　　　酢酸

②**第二級アルコールの酸化** ➡ ケトン(-CO-)になる

2-プロパノール　　　　　　　　　　アセトン

③**第三級アルコールの酸化** ➡ 酸化されにくい

11　ア：還元　　イ：赤　　ウ：酸化　　エ：カルボキシ　　オ：黄
a：Cu^{2+}, 銅(Ⅱ)　　b：Cu_2O, 酸化銅(Ⅰ)　　c：CHI_3, ヨードホルム

解説 ア〜エ, a, b：アルデヒドは, 還元性$_{ア}$をもつため, Cu^{2+}(銅(Ⅱ)イオン)$_a$ を含むフェーリング液を加えて加熱すると, Cu_2O(酸化銅(Ⅰ))$_b$ の赤色$_{イ}$ 沈殿が生じる。このとき, ホルミル基は酸化$_{ウ}$され, カルボキシ基$_{エ}$ に変化する。
オ, c：アセトンは, アセチル基 CH_3CO- をもつため, ヨウ素と水酸化ナトリウム水溶液を加えて加熱すると, 黄色$_{オ}$ の CHI_3(ヨードホルム)$_c$ が生じる。

Point　官能基の検出

・**アルデヒド** $\left(\begin{array}{c}R-\overset{|}{\underset{\parallel}{C}}-H \\ O\end{array}\right.$ ホルミル基 $\left.\vphantom{\begin{array}{c}R\\O\end{array}}\right)$ **の検出** ➡ 還元性の利用

①**フェーリング液の還元**

Cu^{2+} を含むフェーリング液にアルデヒドを加えて加熱すると, 赤色の Cu_2O が生成

$$\underset{+2}{Cu^{2+}} \xrightarrow[還元]{RCHO} \underset{+1}{Cu_2O} \downarrow \quad (酸化銅(Ⅰ), 赤色沈殿)$$

②**銀鏡反応**

Ag^+ を含むアンモニア性硝酸銀水溶液にアルデヒドを加えて温めると, 銀が析出

$$\underset{+1}{Ag^+} \xrightarrow[還元]{RCHO} \underset{0}{Ag}$$

※アルデヒド自身は酸化され，カルボン酸の塩に変化する。

- ヨードホルム反応

   ➡ CH_3CO-（アセチル基）または $CH_3CH(OH)-$ の検出

   CH_3CO- または $CH_3CH(OH)-$ をもつ化合物にヨウ素と水酸化ナトリウム
   水溶液を加えて加熱すると，黄色のヨードホルム CHI_3 が生成

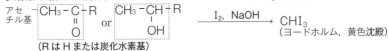

アセ
チル基 $\begin{bmatrix}CH_3-C-R \\ \| \\ O\end{bmatrix}$ or $\begin{bmatrix}CH_3-CH-R \\ \| \\ OH\end{bmatrix}$ $\xrightarrow{\text{I}_2,\ \text{NaOH}}$ CHI_3
（ヨードホルム，黄色沈殿）
（R は H または炭化水素基）

[12]　問1　ア：メタノール　　イ：銀鏡　　ウ：酸化銅（I）

エ：2-プロパノール　**問2**　 $\begin{pmatrix}H-C-OH \\ \| \\ O\end{pmatrix}$　**問3**　 $\begin{pmatrix}CH_3-C-CH_3 \\ \| \\ O\end{pmatrix}$

解説 問1　ア：メタノール CH_3OH を酸化すると，ホルムアルデヒド HCHO が得ら
れる。

イ：アンモニア性硝酸銀水溶液にアルデヒドを加えて温めると，銀が析出する。これを，
銀鏡反応という。

ウ：アルデヒドは，フェーリング液中の Cu^{2+} を還元し，酸化銅（I）Cu_2O を生じる。

エ：2-プロパノール $CH_3CH(OH)CH_3$ を酸化すると，アセトン CH_3COCH_3 が得られ
る。

問2　ギ酸 HCOOH は，ホルミル基 -CHO をもつため，還元性を示す。

問3　アセトン CH_3COCH_3 は，アセチル基 CH_3CO- をもつため，ヨードホルム反応
を示す。

3　カルボン酸・エステル

[13]　1：液　　2：凝固　　3：強い　　4：無水酢酸
5：鏡像異性体（光学異性体）

解説 1，2：氷酢酸（純粋な酢酸）は，液体$_1$で，融点が17℃であり，冷所で凝固$_2$
する。

3：酢酸は，カルボン酸であるため，炭酸より酸性が強い。

4：酢酸を P_4O_{10}（脱水剤）とともに加熱すると，無水酢酸$(CH_3CO)_2O$ が生じる。

5：乳酸は，不斉炭素原子をもつため，鏡像異性体（光学異性体）が存在する。

Point　カルボン酸の種類

- **カルボン酸**$\begin{pmatrix}R-C-OH \\ \| \\ O\end{pmatrix}$…カルボキシ基 -COOH をもつ有機化合物

炭酸より強い酸性を示し，炭酸水素ナトリウムを加えると，二酸化炭素が発生する。

$$RCOOH + NaHCO_3 \longrightarrow RCOONa + CO_2 + H_2O$$

例

ギ酸

ホルミル基 $\begin{array}{c} H-C-OH \\ \parallel \\ O \end{array}$ カルボキシ基

ホルミル基をもち，還元性を示す

酢酸

$\begin{array}{c} CH_3-C-OH \\ \parallel \\ O \end{array}$

純粋な酢酸は氷酢酸という。融点が低く冷所で凝固する

乳酸

$\begin{array}{c} CH_3 \\ \mid \\ H-{}^*C-COOH \\ \mid \\ OH \end{array}$

ヒドロキシ酸($-OH$をもつカルボン酸)で，鏡像異性体が存在する

※酢酸を脱水剤とともに加熱すると，水が1分子外れ，無水酢酸$(CH_3CO)_2O$が生じる。

$$\begin{array}{c} CH_3-C{\lesssim}^O_{OH} \\ CH_3-C{\lesssim}^O_{OH} \end{array} \xrightarrow{\text{脱水剤}} \begin{array}{c} CH_3-C{\lesssim}^O \\ CH_3-C{\lesssim}^O \end{array} + H_2O$$

無水酢酸$(CH_3CO)_2O$

---

14 1：$C_4H_4O_4$ 2：シス－トランス(幾何) 3：シス
4：マレイン酸 5：脱水

解説 マレイン酸とフマル酸は，分子式 $\underline{C_4H_4O_4}_1$ で表されるジカルボン酸であり，シス－トランス異性体(幾何異性体)$_2$ の関係である。シス$_3$形であるマレイン酸$_4$ は，加熱すると，分子内脱水$_5$ 反応が起こり，無水マレイン酸に変化する。

Point マレイン酸とフマル酸

• **ジカルボン酸**…カルボキシ基($-COOH$)を2つもつ有機化合物
　※マレイン酸(シス形)とフマル酸(トランス形)はシス－トランス異性体(➡ p.83)の関係である。

$$\begin{array}{c} H-C-COOH \\ \parallel \\ H-C-COOH \end{array}$$
マレイン酸(シス形)

$$\begin{array}{c} H-C-COOH \\ \parallel \\ HOOC-C-H \end{array}$$
フマル酸(トランス形)

性質 シス形のマレイン酸は加熱すると脱水し，無水マレイン酸に変化する。

$$\begin{array}{c} H-C-C{\lesssim}^O_{OH} \\ H-C-C{\lesssim}^O_{OH} \end{array} \xrightarrow{\text{加熱}} \begin{array}{c} H-C-C{\lesssim}^O \\ H-C-C{\lesssim}^O \end{array}O + H_2O$$

マレイン酸　　　　　　無水マレイン酸

※トランス形のフマル酸では，脱水は起こらない。

15　問1　ア：エステル化　イ：触媒　ウ：けん化
　問2　$CH_3COOH + CH_3CH_2OH \longrightarrow CH_3COOCH_2CH_3 + H_2O$

解説 問1　ア，イ：カルボン酸とアルコールからエステルが生じる反応を，<u>エステル化</u>ア といい，硫酸などの酸が<u>触媒</u>イ としてはたらいている。
ウ：エステルを塩基を用いて加水分解する反応を，<u>けん化</u>という。

Point エステル

- **エステル化**…カルボン酸($R-COOH$)とアルコール($R'-OH$)から脱水し，エステル $\left(\begin{array}{c} R-C-O-R' \\ \| \\ O \end{array} \right)$ が生じる反応

例　$\underset{\substack{\text{酢酸}\\(\text{カルボン酸})}}{CH_3 \overset{\displaystyle O}{\underset{\displaystyle \|}{-C}} - OH}$ + $\underset{\substack{\text{エタノール}\\(\text{アルコール})}}{CH_3 - CH_2 - OH}$

$\xrightarrow[\text{加熱}]{H_2SO_4(\text{触媒})}$ $\underset{\substack{\text{酢酸エチル}\\(\text{エステル})}}{CH_3 - \overset{\displaystyle O}{\underset{\displaystyle \|}{C}} - O - CH_2 - CH_3}$ + H_2O

※エステル化の逆反応を，**加水分解**という。

- **けん化**…エステルを塩基を用いて加水分解する反応

例　$\underset{\substack{\text{酢酸エチル}\\(\text{エステル})}}{CH_3 - \overset{\displaystyle O}{\underset{\displaystyle \|}{C}} - O - CH_2 - CH_3}$ + $NaOH$

$\xrightarrow{\text{加熱}}$ $\underset{\substack{\text{酢酸ナトリウム}\\(\text{カルボン酸の塩})}}{CH_3COONa}$ + $\underset{\substack{\text{エタノール}\\(\text{アルコール})}}{CH_3 - CH_2 - OH}$

16　1：CH_3CH_2CHO　　2：CH_3CH_2COOH
　3：$CH_3CH_2COOCH_3$　4：CH_3COCH_3

解説 1，2：1-プロパノールは第一級アルコールであるため，酸化すると<u>アルデヒド</u>（プロピオンアルデヒド <u>CH_3CH_2CHO</u>₁）を経て<u>カルボン酸</u>（プロピオン酸 <u>CH_3CH_2COOH</u>₂）となる。

$\underset{\displaystyle OH}{CH_3 - CH_2 - CH_2}$ $\xrightarrow{\text{酸化}}$ $CH_3 - CH_2 - \overset{\displaystyle O}{\underset{\displaystyle \|}{C}} - H$ $\xrightarrow{\text{酸化}}$ $CH_3 - CH_2 - \overset{\displaystyle O}{\underset{\displaystyle \|}{C}} - OH$

3：プロピオン酸 CH_3CH_2COOH とメタノール CH_3OH を硫酸とともに加熱すると，エステル（<u>$CH_3CH_2COOCH_3$</u>）が生じる。

$CH_3 - CH_2 - \overset{\displaystyle O}{\underset{\displaystyle \|}{C}} - OH$ + $CH_3 - OH \longrightarrow CH_3 - CH_2 - \overset{\displaystyle O}{\underset{\displaystyle \|}{C}} - O - CH_3$ + H_2O

4：2-プロパノールは第二級アルコールであるため，酸化するとアセトン CH_3COCH_3 になる。

$$CH_3 - \underset{\underset{\text{2-プロパノール}}{OH}}{\overset{|}{CH}} - CH_3 \longrightarrow CH_3 - \underset{\underset{\text{アセトン}}{O}}{\overset{\|}{C}} - CH_3$$

17 ア：油脂　イ：脂肪　ウ：脂肪油　エ：飽和脂肪酸
オ：不飽和脂肪酸　カ：硬化油

解説 イ〜オ：油脂のうち，<u>飽和脂肪酸</u>エ の割合が多い油脂は，常温で<u>固体</u>であり，<u>脂肪</u>イ といい，<u>不飽和脂肪酸</u>オ の割合が多い油脂は，常温で<u>液体</u>であり，<u>脂肪油</u>ウ という。

カ：脂肪油に<u>触媒</u>を用いて<u>水素を付加</u>すると，固体になる。この操作を硬化といい，硬化して得られた油脂を，<u>硬化油</u>という。

Point 油脂

グリセリン(1, 2, 3-プロパントリオール)と高級脂肪酸(炭素数の多いカルボン酸)のトリエステル

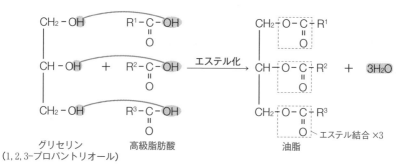

グリセリン
(1, 2, 3-プロパントリオール)　　高級脂肪酸　　　　　　　　　油脂

分類

・脂肪…常温・常圧で固体の油脂。飽和脂肪酸の割合が多い。
・脂肪油…常温・常圧で液体の油脂。不飽和脂肪酸の割合が多い。
　┌ 乾性油…空気中で固化しやすい脂肪油。
　└ 不乾性油…空気中で固化しにくい脂肪油。
・硬化油…脂肪油に Ni 触媒を用いて水素を付加して得られた油脂。

18 問1　ア：グリセリン(1, 2, 3-プロパントリオール)　イ：3
ウ：ヒドロキシ　エ：エステル　オ：低　カ：固　キ：乾性油
問2　②, ④　　問3　②

解説 問1　ア〜エ：油脂は，<u>グリセリン(1, 2, 3-プロパントリオール)</u>ア の<u>3つ</u>イ の<u>ヒドロキシ基</u>ウ に高級脂肪酸が<u>エステル結合</u>エ した化合物である。

オ：不飽和脂肪酸を多く含む油脂は，液体であり，融点が<u>低い</u>。

カ，キ：空気中で<u>固体</u>_カになりやすい脂肪油を，<u>乾性油</u>_キという。

問3 飽和脂肪酸が多い油脂は，固体であるため，固体の油脂である<u>ラード</u>となる。

Point 高級脂肪酸の種類

• 高級脂肪酸…炭素数の多いカルボン酸

種類				
飽和脂肪酸	パルミチン酸	$C_{15}H_{31}COOH$	➡	C＝C をもたない
	ステアリン酸	$C_{17}H_{35}COOH$	➡	C＝C をもたない
不飽和脂肪酸	オレイン酸	$C_{17}H_{33}COOH$	➡	C＝C を1個もつ
	リノール酸	$C_{17}H_{31}COOH$	➡	C＝C を2個もつ
	リノレン酸	$C_{17}H_{29}COOH$	➡	C＝C を3個もつ

※飽和脂肪酸は $C_nH_{2n+1}COOH$ で表され，<u>C＝Cが1個増えるごとにH原子が2個減る。</u>

第7章　有機化合物

19　1：（ナトリウム）塩　　2：カルボキシ　　3：疎水　　4：親水

　　　5：ミセル　　6：乳化作用　　7：表面張力

解説　1，2：セッケンは，高級脂肪酸の<u>ナトリウム塩</u>₁であり，水となじみやすい<u>カルボキシ基</u>₂のイオン部分（親水基）と，水となじみにくい<u>炭化水素基（疎水基）</u>をもつ。

3〜6：セッケンは，水中で<u>疎水</u>₃基を内側，<u>親水</u>₄基を外側にして，<u>ミセル</u>₅という大きな粒子を形成している。セッケンに油滴を加えると，疎水基が油滴を囲い込み，水中に分散する。このはたらきを<u>乳化作用</u>₆という。

7：セッケンは，水の<u>表面張力</u>を低下させるため，<u>界面活性剤</u>の一種である。

Point セッケン

• セッケン…高級脂肪酸のナトリウム塩　➡　油脂のけん化で得られる

　 構造 疎水基（炭化水素基）と親水基（カルボン酸イオン）をもつ

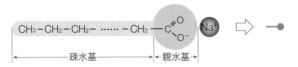

• 乳化作用…界面活性剤が疎水基を油滴に向け囲い込み，水中に分散させるはたらき

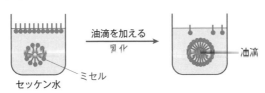

第7章　有機化合物　　93

※セッケンは，水の表面で親水基を水側，疎水基を空気側に向けて整列することで，表面張力を低下させる界面活性剤である。また，水中では疎水基を内側，親水基を外側に向け，**ミセル**とよばれる大きな粒子（会合コロイド）を形成する。

性質

・弱塩基性➡タンパク質でできた動物繊維（羊毛，絹）を傷める
・硬水（Ca^{2+} や Mg^{2+} を含む水）中で沈殿する

$$2RCOO^- + Ca^{2+} \longrightarrow (RCOO)_2Ca \downarrow$$

4 芳香族化合物

20 ア：にくい　　イ：シクロヘキサン　　ウ：光（または紫外線）
エ：1, 2, 3, 4, 5, 6-ヘキサクロロシクロヘキサン　　オ：クロロベンゼン

反応式：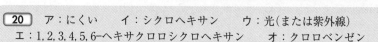

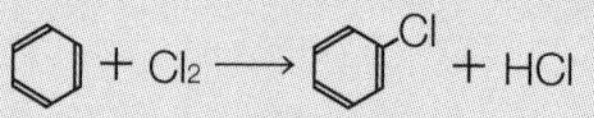

解説 ア：ベンゼンは，二重結合をもつが，付加反応を起こし<u>にくく</u>，置換反応を起こしやすい。

イ～エ：ベンゼンに触媒を用いて水素を付加させると，<u>シクロヘキサン</u>ィが生成し，<u>光</u>ゥ照射下で塩素を付加させると，<u>1, 2, 3, 4, 5, 6-ヘキサクロロシクロヘキサン</u>ェが生成する。

オ：ベンゼンに鉄触媒を用いて塩素を反応させると，<u>クロロベンゼン</u>が生成する。

Point ベンゼンの反応

• **ベンゼンの置換反応**（ベンゼンの炭素間二重結合は，付加反応を起こし<u>にくく</u>，置換反応を起こし<u>やすい</u>）

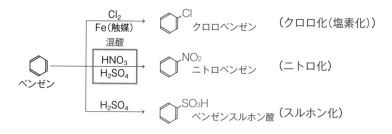

• ベンゼンの付加反応

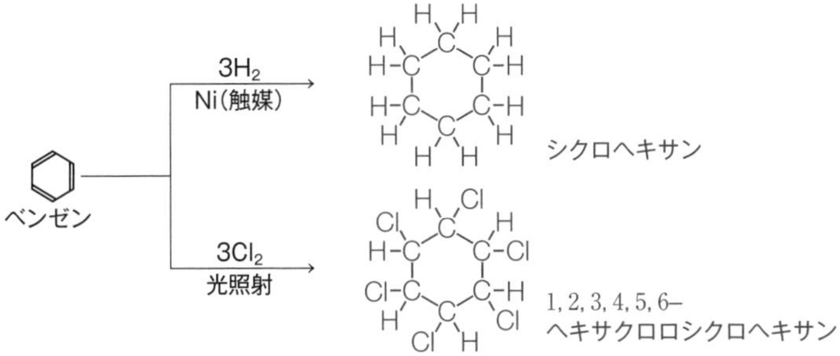

ベンゼン

$3H_2$ / Ni(触媒) → シクロヘキサン

$3Cl_2$ / 光照射 → 1, 2, 3, 4, 5, 6–ヘキサクロロシクロヘキサン

21　問1　A: 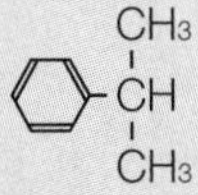 　B: 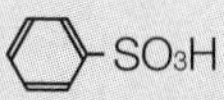 　C:

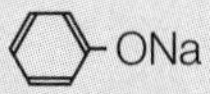

問2　ア: ⑥　イ: ③　問3　ア: ⑦　イ: ⑥　ウ: ⑩

問4　アセトン　問5　塩化鉄(Ⅲ)水溶液

解説 問1～3

A, ア：ベンゼンを<u>プロピレン（プロペン）</u>問3ア に<u>付加</u>問2ア すると，<u>クメン</u>問1A が生じる。

B, C, イ：ベンゼンを<u>濃硫酸</u>問3イ で<u>スルホン化</u>問2イ すると，<u>ベンゼンスルホン酸</u>問1B が生じ，それを NaOH とともに加熱すると，<u>ナトリウムフェノキシド</u>問1C となる。

ウ：ベンゼンを鉄触媒を用いて<u>塩素</u>と反応させると，クロロベンゼンが生じる。

問4　クメンヒドロペルオキシドを酸で分解すると，フェノールと<u>アセトン</u>が生じる。

問5　フェノールに<u>塩化鉄(Ⅲ)水溶液</u>を加えると，紫色に呈色する。

Point　フェノール

• フェノールの性質

①弱酸性(炭酸より弱い)

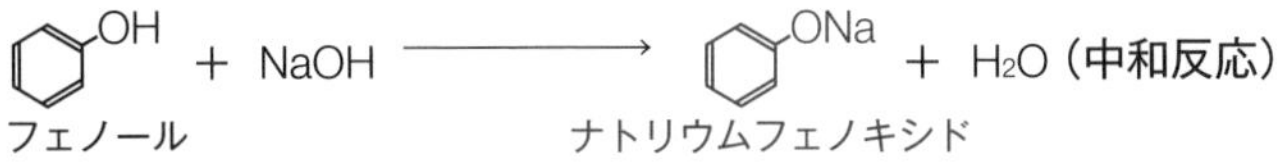

+ NaOH ⟶ + H_2O （中和反応）

フェノール　　ナトリウムフェノキシド

②塩化鉄(Ⅲ)$FeCl_3$ 水溶液を加えると，紫色に呈色

• **フェノールの製法**

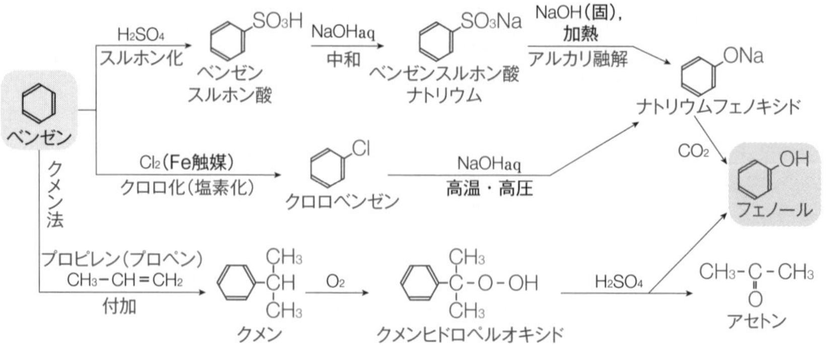

22　**問1**　A： 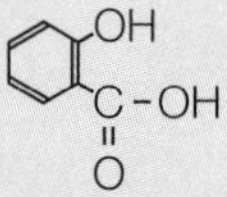　B： 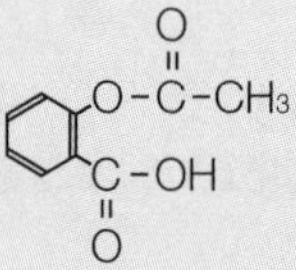　C：

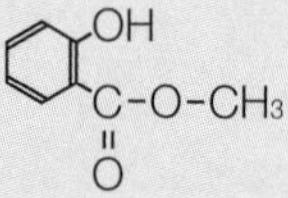

問2　エステル化　　**問3**　C

解説　**問1**　　A：ナトリウムフェノキシドに高温・高圧下で二酸化炭素を反応させた後，希硫酸を作用させると，サリチル酸が得られる。

B：サリチル酸に無水酢酸を反応させると，アセチルサリチル酸が生じる。

C：サリチル酸にメタノールを反応させると，サリチル酸メチルが生じる。

問2　サリチル酸メチルが生じる反応は，エステル化である。

問3　外用塗布剤(消炎鎮痛剤)としてはたらくのは，サリチル酸メチルである。

Point　**サリチル酸**

• **サリチル酸の製法**

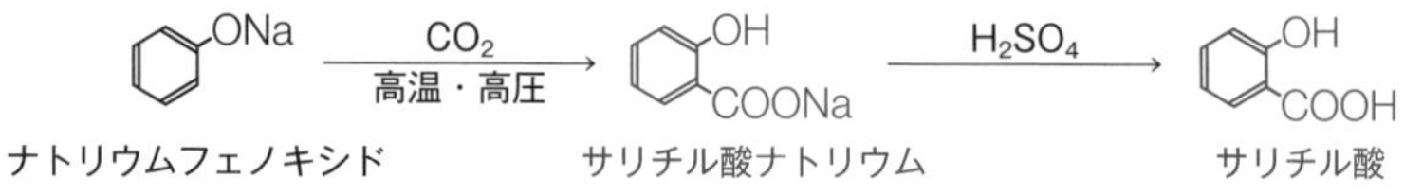

• **サリチル酸の反応**

①メタノールとの反応(エステル化)

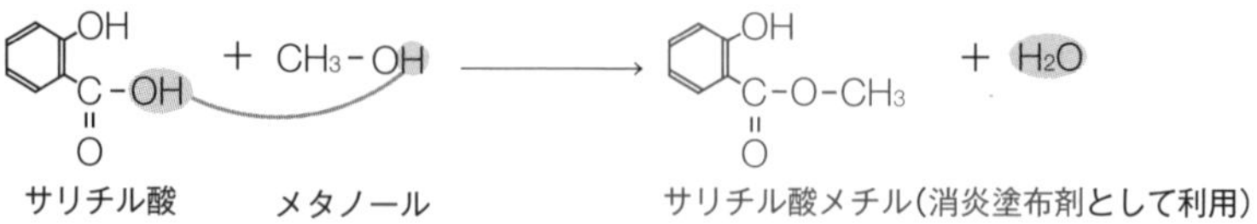

---

②無水酢酸との反応（アセチル化またはエステル化）

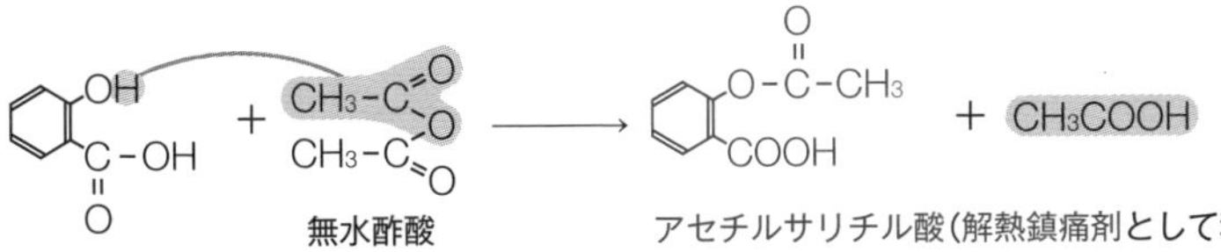

アセチルサリチル酸（解熱鎮痛剤として利用）

無水酢酸

23 問1　酸化
問2　ア：赤紫　イ：アセチル　ウ：ジアゾ　エ：ジアゾカップリング
問3　A：アニリン塩酸塩　B：アセトアニリド　C：塩化ベンゼンジアゾニウム
　　D：*p*-ヒドロキシアゾベンゼン（*p*-フェニルアゾフェノール）

解説　①　アニリンは，さらし粉で酸化_aされ，赤紫色_アになる。
②　アニリンは，塩酸と中和し，アニリン塩酸塩_Aとなる。
③　アニリンに無水酢酸を反応させると，アセチル化_イが起こり，アセトアニリド_Bが生じる。
④　アニリンに塩酸と亜硝酸ナトリウムを反応させると，ジアゾ化_ウされ，塩化ベンゼンジアゾニウム_Cが生じる。塩化ベンゼンジアゾニウムにナトリウムフェノキシドを反応させると，ジアゾカップリング_エが起こり，*p*-ヒドロキシアゾベンゼン（*p*-フェニルアゾフェノール）_Dが生じる。

Point　アニリン

・**アニリンの性質**
①弱塩基性

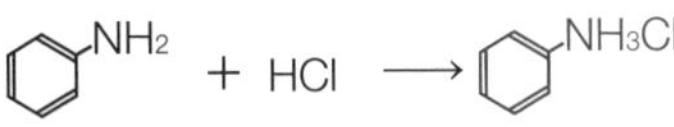

アニリン　　　　　　　アニリン塩酸塩　（中和反応）

②さらし粉水溶液を加えると，酸化され，赤紫色に呈色
③ニクロム酸カリウム水溶液を加えると，黒色物質（アニリンブラック）が生成

・**アニリンの製法**

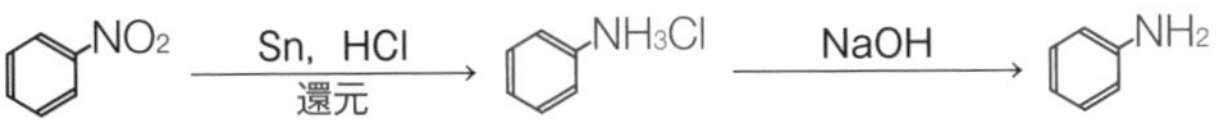

ニトロベンゼン　　　　アニリン塩酸塩　　　　アニリン

・**アニリンのアセチル化**

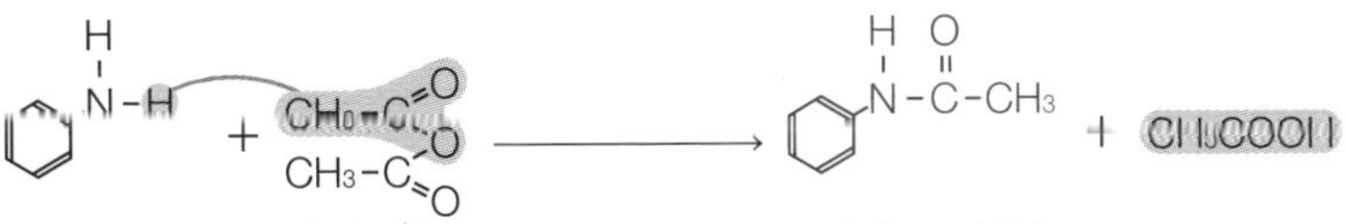

無水酢酸　　　　　　　アセトアニリド

• アゾ染料合成

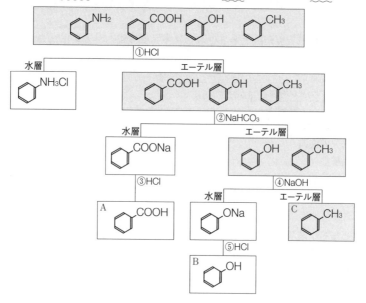

※塩化ベンゼンジアゾニウムは，5℃以上で分解し，フェノールに変化する。

24　A：安息香酸　　B：フェノール　　C：トルエン

解説 アニリンは塩基性，安息香酸とフェノールは酸性，トルエンが中性である。

① 塩酸を加えると，塩基性であるアニリンが中和し，水層に移行する。

② 安息香酸は，炭酸より強いカルボン酸であるため，炭酸水素ナトリウムを加えると，反応して塩となり，水層に移行する。

③　希塩酸を加えると，<u>安息香酸</u>〔A〕に戻る。

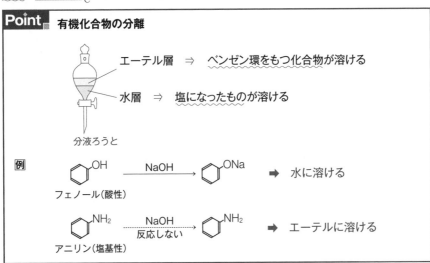

④　水酸化ナトリウム水溶液を加えると，<u>酸性であるフェノールが中和してナトリウム
フェノキシドとなり，水層に移行する。</u>

⑤　希塩酸を加えると，<u>フェノール</u>〔B〕に戻る。

<u>中性のトルエン</u>〔C〕は，エーテル層に存在する。

Point **有機化合物の分離**

エーテル層　⇒　<u>ベンゼン環をもつ化合物が溶ける</u>

水層　⇒　<u>塩になったものが溶ける</u>

分液ろうと

例

フェノール(酸性) 　NaOH　⇒ 水に溶ける

アニリン(塩基性)　NaOH 反応しない　⇒ エーテルに溶ける

1 糖類

1 問1 ア：α イ：5 ウ：ホルミル エ：還元 オ：カルボキシ

問2 B: C:

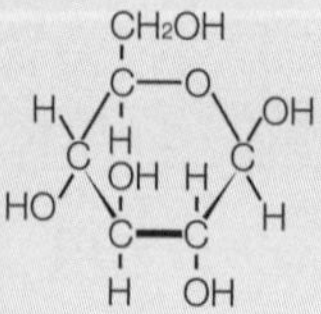

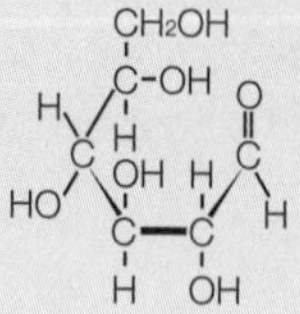

解説 問1 ア，イ：Aの α-グルコース ア には，5個 イ の不斉炭素原子が存在する。

ウ〜オ：Bの鎖状構造には ホルミル基 ウ が存在するため，銀イオンを 還元 エ し銀が析出する。ホルミル基は酸化され，カルボキシ基 オ に変化する。

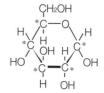

問2 Bの X にはホルミル基が入る。Cの β-グルコースは，α-グルコースの1位の -OH が逆向きになったものである。

Point 単糖

- **単糖(C_6H_{12}O_6)**…糖類の基本単位。それ以上加水分解されない糖。

  種類
  - ・グルコース(ブドウ糖)
  - ・フルクトース(果糖)
  - ・ガラクトース

  ※すべて還元性をもつため，フェーリング液を還元し，銀鏡反応を示す。

  ➡ 鎖状構造にホルミル基をもつため

- **グルコースの構造** ➡ 溶液中で3つの構造が一定の割合で存在(平衡状態)

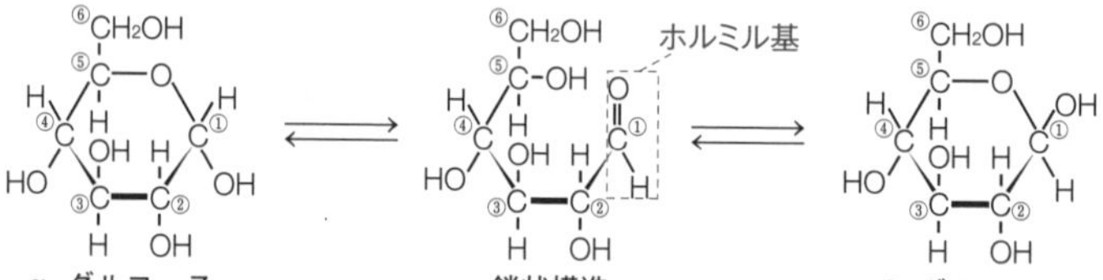

```
⑥CH2OH              ⑥CH2OH   ホルミル基      ⑥CH2OH
⑤C-O                ⑤C-OH                    ⑤C-O
④C    ①C     ⇄    ④C     C① ⇄     ④C    ①C
  ③C ②C               ③C ②C              ③C ②C
  OH                    OH                    OH
α-グルコース          鎖状構造              β-グルコース
```

2 ア：グルコース　イ：$C_6H_{12}O_6$　ウ：フルクトース　エ：単糖
オ：縮合　カ：マルトース　キ：ラクトース

解説 カ：マルトースは麦芽糖ともよばれ，水あめや麦芽の成分である。
キ：ラクトースは乳糖ともよばれ，牛乳や母乳の成分である。

Point 二糖

- 二糖（$C_{12}H_{22}O_{11}$）…単糖2分子が縮合した糖
  ※分解酵素や希硫酸で加水分解すると，単糖2分子に変化する。

種類

名称	構成	分解酵素	還元性
マルトース（麦芽糖）	α-グルコース＋グルコース	マルターゼ	あり
スクロース（ショ糖）	α-グルコース＋β-フルクトース	インベルターゼ	なし
ラクトース（乳糖）	β-ガラクトース＋グルコース	ラクターゼ	あり
セロビオース	β-グルコース＋グルコース	セロビアーゼ	あり

※スクロースは，スクラーゼという分解酵素でも加水分解できる。

- 転化糖…スクロースを加水分解したときに生じるグルコースとフルクトースの
  1：1混合物

$$C_{12}H_{22}O_{11} + H_2O \longrightarrow \boxed{C_6H_{12}O_6 + C_6H_{12}O_6}$$
スクロース　　　　　　　　グルコース　　フルクトース　　➡ 転化糖

---

3 1：α-グルコース　2：アミロース　3：アミロペクチン
4：アミラーゼ　5：マルトース　6：マルターゼ　7：グリコーゲン

解説 1，4～6：デンプンは，酵素アミラーゼ₄により，二糖であるマルトース₅に加水分解され，マルトースは，酵素マルターゼ₆により，α-グルコース₁に加水分解される。
7：動物がグルコースを体内で貯蔵する際につくられる多糖を，グリコーゲンという。

Point デンプン

- **多糖**（$(C_6H_{10}O_5)_n$）…多数の単糖が縮合重合した糖

  ・**デンプン**…α-グルコースの縮合重合体

  $\left\{\begin{array}{l}\textbf{アミロース}…枝分かれをもたないデンプン（直鎖状）。熱水に溶けやすい \\ \textbf{アミロペクチン}…枝分かれを多くもつデンプン。熱水に溶けにくい\end{array}\right.$

  反応

  ・**ヨウ素デンプン反応**…デンプン水溶液にヨウ素ヨウ化カリウム水溶液を加えると，青紫色に呈色（アミロース：濃青色，アミロペクチン：赤紫色）

デンプン

I_2分子

  ➡ デンプンの<u>らせん構造</u>中に<u>ヨウ素分子</u>が取り込まれることにより，呈色する

  ・デンプンの加水分解（分解酵素：アミラーゼ）

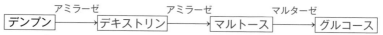

| デンプン | →アミラーゼ→ | デキストリン | →アミラーゼ→ | マルトース | →マルターゼ→ | グルコース |

  ※デンプンの加水分解で生じる**グルコースの小さな縮合体**を，**デキストリン**という。

  ※酵素アミラーゼは，デンプンを二糖のマルトースまでしか加水分解できない。

- **グリコーゲン**（動物デンプン）…肝臓などに多く含まれる多糖。アミロペクチンに似た構造をもつ

---

4 問1 a：6 b：10 c：5
　問2 1：α-グルコース 2：ヨウ素ヨウ化カリウム（ヨウ素）
　　3：β-グルコース 4：ヒドロキシ 5：エステル
　　6：ニトロセルロース（トリニトロセルロース）

解説 問1 セルロースはデンプンと同じ多糖であるため，$(C_{6_a}H_{10_b}O_{5_c})_n$と表す。
問2 1〜3：デンプンは<u>α-グルコース</u>$_1$が，セルロースは<u>β-グルコース</u>$_3$が多数縮合した多糖であり，デンプンのみ<u>ヨウ素ヨウ化カリウム</u>$_2$溶液で呈色する。
　4〜6：セルロースに濃硝酸と濃硫酸の混合溶液（混酸）を作用させると，セルロース中の<u>ヒドロキシ</u>$_4$基が<u>エステル</u>$_5$化され，<u>ニトロセルロース</u>$_6$が得られる。

102

Point セルロース

- **セルロース**…β−グルコースの縮合重合体。植物の細胞壁に存在

  反応

  ・セルロースの加水分解（分解酵素：セルラーゼ）

  $$\boxed{\text{セルロース}} \xrightarrow{\text{セルラーゼ}} \boxed{\text{セロビオース}} \xrightarrow{\text{セロビアーゼ}} \boxed{\text{グルコース}}$$

  ※酵素セルラーゼは，セルロースを二糖のセロビオースまでしか加水分解できない。

- セルロースのエステル化 ➡ グルコース単位に含まれる3つのヒドロキシ基（−OH）が反応する（3つの −OH を強調すると，セルロースを $[C_6H_7O_2(OH)_3]_n$ と表すことができる）

  ①混酸（濃硝酸＋濃硫酸）との反応 ➡ ニトロセルロースの生成

  $$[C_6H_7O_2(OH)_3]_n + 3nHNO_3 \longrightarrow [C_6H_7O_2(ONO_2)_3]_n + 3nH_2O$$
  $$\qquad\qquad\qquad\qquad\qquad\qquad\quad\text{トリニトロセルロース}$$

  ②無水酢酸との反応 ➡ アセチルセルロースの生成

  $$[C_6H_7O_2(OH)_3]_n + 3n(CH_3CO)_2O$$
  $$\longrightarrow [C_6H_7O_2(OCOCH_3)_3]_n + 3nCH_3COOH$$
  $$\qquad\qquad\text{トリアセチルセルロース}$$

---

5 (イ) (d), (i), (k) (ロ) (b), (c), (g) (ハ) (f), (h), (j) (ニ) (a), (f), (h), (j)

解説 (イ) 分子式が $C_6H_{12}O_6$ であるものは，単糖である<u>グルコース</u>，<u>フルクトース</u>，<u>ガラクトース</u>である。

(ロ) 二糖（セロビオース，マルトース，スクロース，ラクトース）の中で，<u>還元性を示さ</u>ないのはスクロースだけであるため，<u>セロビオース，マルトース，ラクトース</u>は，すべてフェーリング液を還元する。

(ハ) ヨウ素デンプン反応を示すのは，デンプン（<u>アミロース，アミロペクチン，グリコーゲ</u><u>ン</u>）である。

(ニ) 多糖は，デンプン（<u>アミロース，アミロペクチン，グリコーゲン</u>）と<u>セルロース</u>である。

6 1：アミノ　　2：カルボキシ　　3：双性　　4：グリシン
5：不斉炭素

解説 アミノ酸は分子内に<u>塩基性のアミノ基</u>₁ と酸性の<u>カルボキシ基</u>₂ をもつ有機化合物であり，<u>グリシン</u>₄ 以外のアミノ酸は<u>不斉炭素原子</u>₅ をもつため，鏡像異性体が存在する。

7 問1　等電点　　問2　③

解説 問1　アミノ酸の電荷の総和が0になるpHを，<u>等電点</u>という。
問2　アミノ酸は，酸性溶液中では主に<u>陽イオン</u>として存在する。

Point アミノ酸

- **α-アミノ酸**…同一の炭素原子にアミノ基(塩基性)とカルボキシ基(酸性)をもつ有機化合物

$$\begin{array}{c} H \quad \text{カルボキシ基} \\ R-C-COOH \\ \underset{\text{アミノ基}}{NH_2} \end{array}$$

※側鎖Rの種類により，約20種のアミノ酸が天然に存在する。

例

$$\begin{array}{c} H \\ H-C-COOH \\ NH_2 \end{array}$$
グリシン

$$\begin{array}{c} H \\ CH_3-C-COOH \\ NH_2 \end{array}$$
アラニン

$$\begin{array}{c} H \\ \bigcirc-CH_2-C-COOH \\ NH_2 \end{array}$$
フェニルアラニン

$$\begin{array}{c} H \\ HOOC-(CH_2)_2-C-COOH \\ NH_2 \end{array}$$
グルタミン酸

$$\begin{array}{c} H \\ HS-CH_2-C-COOH \\ NH_2 \end{array}$$
システイン

※グリシン以外のα-アミノ酸は，不斉炭素原子をもつため，鏡像異性体が存在する。

- **アミノ酸の電離平衡** ➡ アミノ酸はpHによりイオンの形を変化させる

酸性
$$\begin{array}{c} H \\ R-C-COOH \\ NH_3^+ \end{array}$$
陽イオン

$\xrightleftharpoons[H^+]{OH^-}$

中性
$$\begin{array}{c} H \\ R-C-COO^- \\ NH_3^+ \end{array}$$
双性イオン

$\xrightleftharpoons[H^+]{OH^-}$

塩基性
$$\begin{array}{c} H \\ R-C-COO^- \\ NH_2 \end{array}$$
陰イオン

8 問1 1：ペプチド　2：20　問2　6

解説 問2　グリシン，アラニン，バリンの3つのアミノ酸の配列は，3！＝6通りである。

9 ア：一次　　イ：α-ヘリックス(構造)　　ウ：β-シート(構造)
エ：水素　　オ：変性

解説 ア：アミノ酸の配列を，タンパク質の<u>一次</u>構造という。

イ〜エ：タンパク質の二次構造のうち，らせん状のものを<u>α-ヘリックス(構造)</u>ィ，平面状のものを<u>β-シート(構造)</u>ゥという。二次構造はペプチド結合間にはたらく<u>水素</u>ェ結合で立体保持されている。

Point タンパク質

- **ポリペプチド**…多数のアミノ酸が縮合重合し，ペプチド結合で結合した高分子化合物
- **タンパク質**…分子量が大きく，生体内で特有の機能をもつポリペプチド

分類

- **単純タンパク質**…加水分解すると，アミノ酸のみが生じるタンパク質
- **複合タンパク質**…加水分解すると，アミノ酸のほかに，<u>糖類</u>，<u>色素</u>，<u>リン酸</u>，<u>脂質</u>，<u>核酸</u>などを生じるタンパク質

- タンパク質の立体構造
  ①**一次構造**…タンパク質中のアミノ酸の配列順序
  ②**二次構造**…タンパク質の部分的な規則正しい立体構造
  ➡　ペプチド結合の ＞NH……O=C＜ 間に生じる水素結合で立体保持
  例　α-**ヘリックス構造**(らせん状)　　β-**シート構造**(ひだ状)

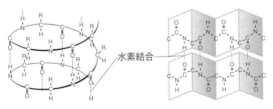

水素結合

  ③**三次構造**…ポリペプチド鎖全体の複雑な立体構造
  ➡　アミノ酸の側鎖どうしの相互作用で立体保持
- **タンパク質の変性**…タンパク質に熱，酸，塩基，有機溶媒，重金属イオンなどを加えると，凝固・沈殿する
  ➡　タンパク質の立体構造が崩れることで起こる

---

10 1：濃硝酸　2：ニトロ　3：黄　4：キサントプロテイン
5：赤紫　6：ビウレット

解説 1〜4：ベンゼン環をもつアミノ酸またはタンパク質に濃硝酸₁を加えると，ベンゼン環がニトロ化₂され黄色₃に呈色する。これをキサントプロテイン反応₄という。

5，6：タンパク質水溶液に塩基性条件で硫酸銅(Ⅱ)水溶液を加えると，赤紫色₅に呈色する。これをビウレット反応₆という。

Point **アミノ酸・タンパク質の呈色反応**

①ニンヒドリン反応

アミノ酸，タンパク質水溶液にニンヒドリン溶液を加えて加熱すると，赤紫〜青紫色に呈色

アミノ酸 $\xrightarrow{\text{ニンヒドリン}}$ 赤紫色

②ビウレット反応

タンパク質水溶液に水酸化ナトリウム水溶液と硫酸銅(Ⅱ)水溶液を加えると，赤紫色に呈色

タンパク質 $\xrightarrow{\text{NaOH, CuSO}_4}$ 赤紫色

※アミノ酸が3分子以上縮合したペプチド(トリペプチド以上)で呈色する。

③キサントプロテイン反応

ベンゼン環をもつアミノ酸，タンパク質に濃硝酸を加えて加熱すると，黄色に呈色。さらにアンモニア水を加えて塩基性にすると，橙黄色に呈色

ベンゼン環をもつアミノ酸，タンパク質 $\xrightarrow{\text{濃硝酸}}$ 黄色 $\xrightarrow{\text{NH}_3}$ 橙黄色

④硫黄の検出反応

硫黄Sをもつアミノ酸，タンパク質に水酸化ナトリウム水溶液を加えて加熱した後，酢酸鉛(Ⅱ)水溶液を加えると，黒色(＝PbS沈殿生成)に呈色

Sをもつアミノ酸，タンパク質 $\xrightarrow{\text{NaOH} \quad \text{(CH}_3\text{COO)}_2\text{Pb}}$ 黒色(PbS沈殿)

---

11 1：アミラーゼ　2：グルコース　3：アミノ酸　4：高級脂肪酸
5：基質特異性　6：最適温度　7：最適pH

解説 1，2：デンプンは，酵素アミラーゼ₁によって，マルトースにまで加水分解され，マルトースは，酵素マルターゼによって，グルコース₂にまで加水分解される。

3：タンパク質は，加水分解されると，アミノ酸になる。

4：脂質は，加水分解されると，モノグリセリドと高級脂肪酸₄になる。

5〜7：酵素は，基質特異性₅と最適温度₆，最適pH₇をもつ。

Point 酵素

- **酵素**…生体内の化学反応に対し，触媒としてはたらくタンパク質

  性質

  ①**基質特異性**…特定の基質のみに作用する

  例 デンプン $\xrightarrow{\text{アミラーゼ}^{※}}$ マルトース

  ※アミラーゼはデンプンにしか作用しない。

  ②**最適温度**…酵素が最もよくはたらく温度(通常 35～40℃)

  ※酵素は，高温にしすぎると，変性するため，**失活**する。

  ③**最適 pH**…酵素が最もよくはたらく pH

---

3 合成高分子化合物

12 　1：重合　　2：単量体(モノマー)　　3：重合体(ポリマー)
　　　4：エチレングリコール(1, 2-エタンジオール)　　5：縮合重合
　　　6：ポリエチレンテレフタラート

解説 1～3：分子量の小さい<u>単量体(モノマー)</u>₂ が<u>重合</u>₁ することにより，分子量の大きい<u>重合体(ポリマー)</u>₃ が得られる。

4～6：<u>ポリエチレンテレフタラート</u>₆ は，テレフタル酸と<u>エチレングリコール(1, 2-エタンジオール)</u>₄ を<u>縮合重合</u>₅ することにより得られる。

Point ポリエステル

- **高分子化合物の基礎**

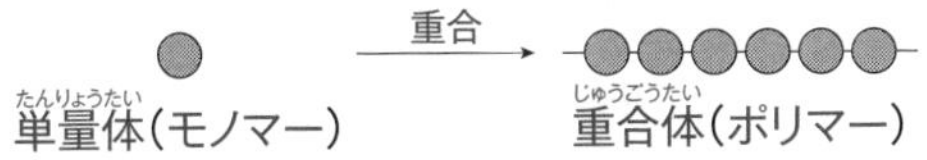

  単量体(モノマー)　　重合　→　重合体(ポリマー)

  ※●の数を重合度といい，n で表す。

- **ポリエチレンテレフタラート(PET)**…テレフタル酸とエチレングリコール
  (1, 2-エタンジオール)の縮合重合で得られるポリエステル

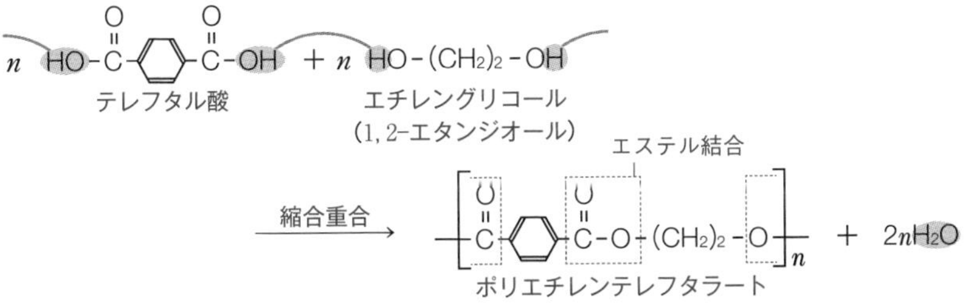

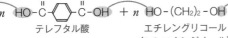

13 ア：ポリアミド　　イ：アジピン酸　　ウ：縮合
　　エ：ε−カプロラクタム　　オ：開環

解説 ア：ナイロンは，分子内に多数のアミド結合をもつため，ポリアミドとよばれる。
イ，ウ：ナイロン66は，アジピン酸とヘキサメチレンジアミンを縮合重合することにより得られる。
エ，オ：ナイロン6は，ε−カプロラクタムを開環重合することにより得られる。

Point　ポリアミド

- **ナイロン**66…アジピン酸とヘキサメチレンジアミンの縮合重合で得られるポリアミド

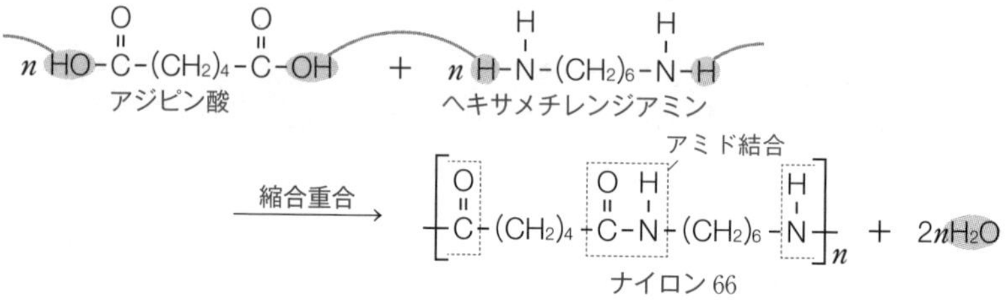

- **ナイロン**6…ε−カプロラクタムの開環重合で得られるポリアミド

---

14 1：ポリ酢酸ビニル　　2：けん化(加水分解)
　　3：ポリビニルアルコール

解説 ビニロンは，酢酸ビニルを付加重合したポリ酢酸ビニル中のエステル結合を，NaOHでけん化(加水分解)してポリビニルアルコールとし，そのポリビニルアルコールのヒドロキシ基(−OH)の一部を，ホルムアルデヒドHCHOでアセタール化して合成する。

---

15 ⑧

解説 ビニロンは，ポリビニルアルコール中のヒドロキシ基(−OH)をホルムアルデヒドでアセタール化し，−O−CH₂−O− の構造に変化させたものである。

Point ビニロン

ポリビニルアルコールのヒドロキシ基の一部をホルムアルデヒドでアセタール化したもの。適度な吸湿性をもつ繊維。

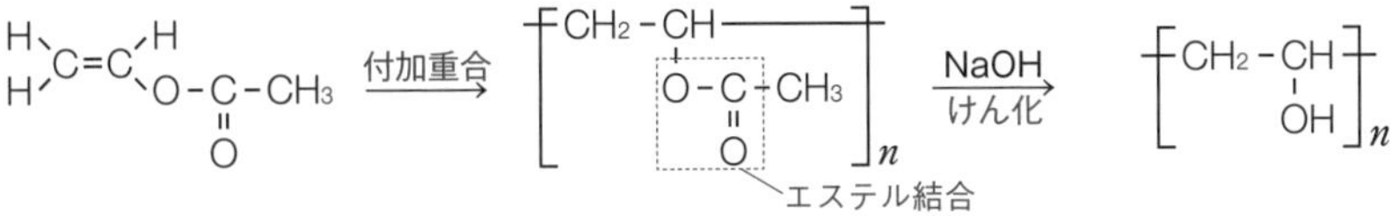

酢酸ビニル　　　　　　　　　　ポリ酢酸ビニル　　　　　　　　ポリビニルアルコール

ホルムアルデヒド　　　　　　　　　　　　　　　　ビニロン

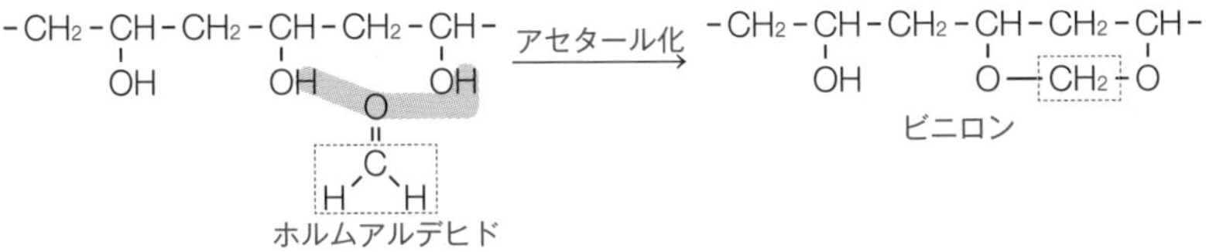

16 問1　ア：付加　　イ：熱可塑性　　ウ：熱硬化性
問2　① (b)　② (a)　③ (a)　④ (a)

解説 問1　ア：ポリエチレンは，エチレンの付加重合で得られる（➡ p.85）。
イ，ウ：熱を加えると軟らかくなる樹脂を熱可塑性樹脂$_イ$，熱を加えると硬くなる樹脂を熱硬化性樹脂$_ウ$という。

Point 合成樹脂の分類

• 熱可塑性樹脂…熱を加えると，軟らかくなる合成樹脂　➡　直鎖状構造をもつ
　例　付加重合で得られるもの(ポリプロピレン，ポリ塩化ビニルなど)，
　　ポリエチレンテレフタラート，ナイロン
• 熱硬化性樹脂…熱を加えると，硬くなる樹脂　➡　立体網目状構造をもつ
　例　フェノール樹脂，尿素樹脂，メラミン樹脂
　・熱硬化性樹脂の合成　➡　ホルムアルデヒドとの付加縮合で得られる

名称	フェノール樹脂	尿素樹脂	メラミン樹脂
構造	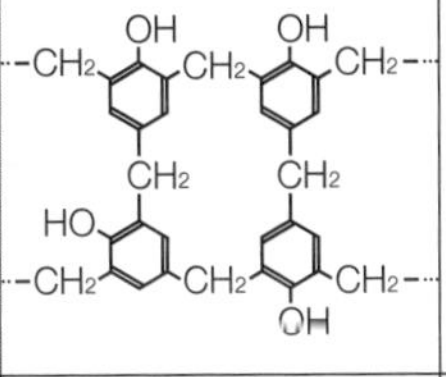	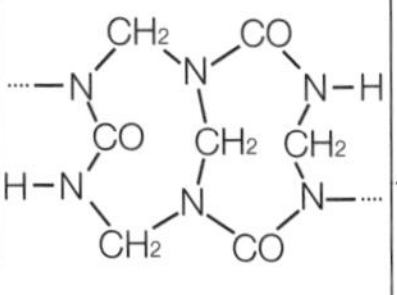	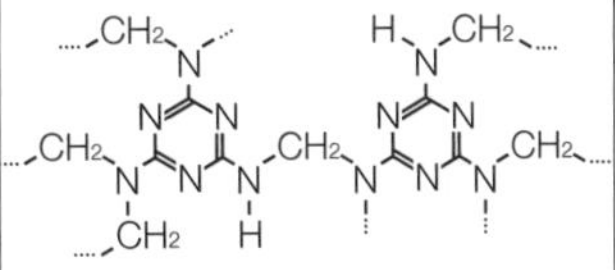
原料	フェノール，ホルムアルデヒド	尿素，ホルムアルデヒド	メラミン，ホルムアルデヒド

17

1：酸　　2：水素イオン　　3：陽イオン交換樹脂　　4：塩基
5：水酸化物イオン　　6：陰イオン交換樹脂　　7：塩化水素

解説 1〜3：-SO₃H などの<u>酸性</u>₁の官能基を多くもつ樹脂は，水溶液中で<u>水素イオ</u>
<u>ン</u>₂ H^+ とほかの陽イオンを交換するため，<u>陽イオン交換樹脂</u>₃という。
4〜6：-N⁺(CH₃)₃OH⁻ のような<u>塩基性</u>₄の官能基を多くもつ樹脂は，水溶液中で<u>水</u>
<u>酸化物イオン</u>₅ OH^- とほかの陰イオンを交換するため，<u>陰イオン交換樹脂</u>₆という。
7：陽イオン交換樹脂に塩化ナトリウム NaCl 水溶液を通すと，H^+ と Na^+ が交換さ
れ<u>塩化水素</u> HCl の水溶液が得られる。

$$R\text{-}SO_3H + NaCl \longrightarrow R\text{-}SO_3Na + HCl$$

Point イオン交換樹脂

- **陽イオン交換樹脂**…水溶液中の陽イオンと水素イオン H^+ を交換する
  ➡ スルホ基($-SO_3H$)のような酸性の官能基を多数もつ

- **陰イオン交換樹脂**…水溶液中の陰イオンと水酸化物イオン OH^- を交換する
  ➡ $-CH_2N^+(CH_3)_3OH^-$ のような塩基性の官能基を多数もつ

18

1：ポリイソプレン　　2：シス　　3：加硫　　4：付加重合

解説 1：天然ゴムの成分はポリイソプレンである。
2：天然ゴムの分子内の C=C は，シス形の構造をしている。
3：天然ゴムに硫黄を加えて加熱すると，ゴム弾性が強くなる。この操作を加硫という。
4：合成ゴムは単量体の付加重合で得られる。

Point ゴム

- **ゴム**…大きな弾性(ゴム弾性)をもつ高分子化合物　➡　すべて付加重合で得られ
  る

$$n\,CH_2=CH\text{-}CH=CH_2 \longrightarrow \left[\!\!\left[CH_2\text{-}CH=CH\text{-}CH_2\right]\!\!\right]_n$$

  1,3-ブタジエン　　　　　　　　　　　　ブタジエンゴム(ポリブタジエン)

$$n\ \text{CH}_2=\text{CH}-\overset{\overset{\displaystyle\text{CH}_3}{|}}{\text{C}}=\text{CH}_2 \quad\longrightarrow\quad \left[\text{CH}_2-\text{CH}=\overset{\overset{\displaystyle\text{CH}_3}{|}}{\text{C}}-\text{CH}_2\right]_n$$

イソプレン　　　　　　　　　　　　　　　ポリイソプレン　➡　天然ゴムの成分

$$n\ \text{CH}_2=\text{CH}-\overset{\overset{\displaystyle\text{Cl}}{|}}{\text{C}}=\text{CH}_2 \quad\longrightarrow\quad \left[\text{CH}_2-\text{CH}=\overset{\overset{\displaystyle\text{Cl}}{|}}{\text{C}}-\text{CH}_2\right]_n$$

クロロプレン　　　　　　　　　　　　　クロロプレンゴム（ポリクロロプレン）

※ゴムの分子内には炭素間二重結合 C=C があるためシス–トランス異性体が
　存在するが，シス形のほうがゴム弾性が大きい。

- **加硫**…天然ゴムに硫黄を加えて加熱し，ゴム弾性を大きくする操作
  - ➡　ゴムの分子間に硫黄原子が架橋構造を形成するため
- **スチレン–ブタジエンゴム**（SBR）…スチレンと 1,3-ブタジエンを共重合して得ら
  　　　　　　　　　　　　　　　　　　　　　れる

$$n\ \text{CH}_2=\text{CH}-\text{CH}=\text{CH}_2 \ +\ m\ \text{CH}_2=\text{CH}$$

$$\longrightarrow\ \left[\text{CH}_2-\text{CH}=\text{CH}-\text{CH}_2\right]_n\left[\text{CH}_2-\text{CH}\right]_m$$

※2種類以上の単量体を用いる重合を，共重合という。

※アクリロニトリルと 1,3-ブタジエンを共重合すると，アクリロニトリル–ブ
　タジエンゴム（NBR）が得られる。